ひらがな	漢字表記	ベトナム語	
あーす	アース	mát	earth
あーすけーぶる	アースケーブル	dây mát	earth cable
あーすこーど	アースコード	dây đất	earth cord
あーまちゅあ	アーマチュア	lõi	armature
あーむれすと	アームレスト	tay vịn	arm rest
あーるれんじ	Rレンジ	phạm vi R	R range
あいかわらず	相変わらず	Như thường lệ/ Như mọi khi	as usual
あいしーいぐないたー	ICイグナイター	IC đánh lửa	IC igniter
あいしーしきぼるてーじれぎゅれーたー	IC式ボルテージレギュレーター	IC ổn áp	IC voltage regulator
あいず	合図	Tín hiệu/ hiệu lệnh	sign
あいてさきぶらんど	相手先ブランド	nhà sản xuất thiết bị gốc	Original Equipment Manufacturer
あいどりんぐすとっぷ	アイドリングストップ	Idling stop	Idling Stop
あいどるすぴーどこんとろーる	アイドルスピードコントロール	Kiểm soát tốc độ khổng tải	Idle Speed Control
あいどるせいぎょべん	アイドル制御弁	Van điều khiển nhàn rỗi	Auxiliary Air Control Valve
あいどるぷーり	アイドルプーリ	puli đệm	Idle pulley
あいにく	あいにく	không may/ thật đáng tiếc	unfortunately
あいまーく	合いマーク	dấu aI	aI mark
あうとばーん	アウトバーン	Autobahn/xa lộ	autobahn
あうとぷっつ	アウトプット	đàu ra	output
あうとぷっとしゃふと	アウトプットシャフト	trục đàu ra	output shaft
あうとれっと	アウトレット	Lối ra	outlet
あえて	あえて	Dám	dare to
あえん	亜鉛	Kẽm □	Zinc
あきらか	明らか	rõ ràng	clear
あくえいきょう	悪影響	ảnh hưởng tiêu cực	negative influence
あくするしゃふと	アクスルシャフト	Trục	axleshaft
あくせさり	アクセサリ	Phụ kiện	accessary
あくせられーしょんせんさ	アクセラレーションセンサ	cảm biến gia tốc	acceleration sensor
あくせるぺだる	アクセルペダル	bàn đạp ga	accel pedal
あくせるぺだるぽじしょんせんさ	アクセルペダルポジションセンサ	cảm biến vị trí bàn đạp ga	accel pedal position sensor
あくちゅえーた	アクチュエータ	Thiết bị truyền động	actuator
あくてぃーぶさすぺんしょん	アクティーブサスペンション	Hoạt động treo xe	active suspension
あくてぃぶこんとろーるえんじんまうんてぃんぐ	アクティブコントロールエンジン・マウンティング	động cơ điều khiển hoạt động gắn	active control engine mounting
あくまで	あくまで	chỉ có/đến cuối cùng	Thoroughly
あける	開ける	mở	open
あげる	上げる	tăng	increase
あしからず	あしからず	Đừng cảm thấy tồi tệ	Don't feel bad
あしすともーたー	アシストモーター	motor hỗ trợ	assist motor
あしまわり	足回り	khung gầm	chassis
あじゃすたー	アジャスター	bộ phận điều chỉnh	adjuster

あせちれんがすせつだんき	アセチレンガス切断機	Máy cắt khí axetylen	acetylene gas cutter
あそび	遊び	chơi	play
あたっちめんと	アタッチメント	Tập tin đính kèm / bộ móc nối	attachment
あつい	熱い	Nóng	hot
あつい	厚い	dày	thick
あっか	悪化	hư hỏng/ xấu đi	Deterioration
あっかした	悪化した	Tệ hơn / xuống cấp	worse / deteriorated
あっしー	アッシー	Lắp ráp	assembly
あっしゅく	圧縮	Nén	compression
あっしゅくくうき	圧縮空気	Không khí nén	compressed air
あっしゅくてんねんがすじどうしゃ	圧縮天然ガス自動車	xe khí nén tự nhiên	Compressed Natural Gas
あっしゅつくうきによる	圧縮空気による	Bằng không khí nén	by compressed air
あっぱーあーむ	アッパーアーム	Cánh tay trên	upper arm
あつみ	厚み	Độ dày	thickness
あつりょくひ	圧力比	tỷ lệ áp suất	pressure ratio
あつりょくをくわえる	圧力を加える	thêm áp lực	apply pressure
あときんそんさいくるえんじん	アトキンソンサイクルエンジン	Động cơ chu kỳ Atkinson	Atkinson cycle engine
あなあけ	穴あけ	Khoan	drilling
あなをあける	穴をあける	Để khoan một lỗ / Làm cái lỗ	to drill a hole / make a hole
あなをひろげる	穴を広げる	Mở rộng lỗ	enlarge the hole
あふたーまーけっとぶひん	アフターマーケット部品	Phần hậu mãi	Aftermarket part
あぶらでよごれた	油で汚れた	Bẩn dầu	dirty with oil
あぶらよごれ	油汚れ	Vết dầu	oil stain
あぶらをさす	油をさす	Để dầu	to oil
あべこべ	あべこべ	nghịch lại	inverse
あやふや	あやふや	lờ mờ/ không rõ ràng	vague
あらい	粗い	thô	rough
あらいめんと	アライメント	căn chỉnh	alignment
あらかじめ	あらかじめ	trong tiên vốn/ trước	in advance
あるごりずむ	アルゴリズム	thuật toán	argolism
あるみにうむ	アルミニウム	Nhôm	aluminum
あわせがらす	合わせガラス	Kính nhiều lớp, triplex	triple glass
あんかーねっとわーくさーびす	アンカーネットワークサービス	Dịch vụ mạng neo (Công ty tái chế máy tính cá nhân lớn nhất)	Anchor network service
あんしょうする	暗唱する	Đọc thuộc lòng	recite
あんぜんがらす	安全グラス	Kính an toàn	safety glass
あんぜんべると	安全ベルト	đai an toàn	safety belt
あんぜんべん	安全弁	Van an toàn	safety valve
あんぜんりつ	安全率	yếu tố an toàn	safety factor
あんちだいぶせいぎょ	アンチダイブ制御	kiểm soát chống lặn	anti-dibe control
あんてな	アンテナ	Ăng-ten	antenna
いーぴーえすしゃそくせんさ	ＥＰＳ車速センサ	Cảm biến tốc độ EPS	EPS Speed Sensor

いーぴーえすとるくせんさ	ＥＰＳトルクセンサ	Cảm biến mô men EPS	EPS Torque Sensor
いおうさんかぶつ	硫黄酸化物	Oxit lưu huỳnh	Sulfurous Oxide
いかにも	いかにも	quả nhiên/ quả thật	surely
いくせいする	育成する	đào tạo/ nuôi dạy	Cultivate
いぐないたー	イグナイター	đánh lửa	igniter
いぐにしょんこいる	イグニッションコイル	Cuộn dây đánh lửa	ignition coil
いしわた	石綿	Amiăng	asbestos
いそねじ	ISOねじ	vít ISO	ISO screw
いち	位置	vị trí	position
いちぎめする	位置決めする	đến vị trí / Xác định vị trí	to position / determine position
いちじまっしょう	一時抹消	xóa tạm thời	temporary deletion
いちじるしい	著しい	Đáng chú ý/ đáng kể	Remarkable
いちたいにじゅうくたいさんびゃくのほうそく	１：２９：３００の法則	luật 1:29:300	law of 1:29:300
いちような	一様な	đồng đều	uniform
いちれつにそろえる	一列にそろえる	căn chỉnh	alignment
いっさんかたんそ	一酸化炭素	Khí carbon monoxide	Carbon Monoxide
いれる	入れる	Đưa vào	put in
いわば	言わば	Vì vậy, để nói/ có thể nói như là	So to speak
いわゆる	いわゆる	Cái gọi là	So-called
いんきょく	陰極	cực âm	negative pole
いんきょくばん	陰極版	tấm âm	negative plate
いんじぇくたー	インジェクター	Vòi phun	injector
いんじぇくたどらいば	インジェクタドライバ	Trình điều khiển vòi phun	injector driver
いんすとるめんとぱねる	インストルメントパネル	Băng điều khiển	instrument panel
いんたーくーらー	インタークーラー	bộ làm mát liên	inter cooler
いんたりんぐつきぶっしゅ	インタリング付きブシュ	Gián đoạn bush	interring Bush
いんてーくまにほーるど	インテークマニホールド	Đa tạp	intake maniforld
いんなーふぇんだー	インナーフェンダー	chắn bùn bên trong	inner fender
いんぱーた	インパータ	Biến tần	inverter
いんぱくとれんち	インパクトレンチ	cờ lê tác động	impact wrench
いんひびだーすいっち	インヒビダースイッチ	công tắc Inhibider	inhibitor switch
いんふれーたー	インフレーター	Xe	inflator
ういんどうぉっしゃーたんく	ウインドウォシャータンク	bình nước rửa kính	windou washer tank
ういんどがらす	ウインドガラス	Cửa sổ thủy tinh	wind glass
ういんどれぎゅれーた	ウインドレギュレータ	Cửa điều chỉnh gió	wind regulator
うえこみぼると	植え込みボルト	vít tán/ bu lông tán	stud bolt
うぉーたーぽんぷ	ウォーターポンプ	Máy bơm nước	water pump
うぉーむあっぷせいぎょ	ウオームアップ制御	kiểm soát khởi động	warm-up control
うぉっしゃーえき	ウォッシャー液	nước rửa	washer fluid
うごかす	動かす	di chuyển	move
うちけす	打ち消す	Huỷ bỏ/ phủ nhận	Cancel

うつ	打つ	đánh	strike
うつす	移す	chuyển	transfer
うなりおん	うなり音	âm thanh Roaring/ Tiếng gầm	roar sound
うむ	有無	hiện diện hay vắng mặt/ có hay không có	presence or absence
うんてん	運転	Lái xe / hoạt động	drive / operation
うんてんしゅ	運転手	tài xế	driver
えあーさすぺんしょん	エアーサスペンション	Hệ thống treo khí	air suspension
えあーばっぐ	エアーバッグ	Túi khí	airbag
えあーぽんぷ	エアーポンプ	Máy bơm không khí	air pump
えあくりーなー	エアクリーナー	tấm lọc không khí	air cleaner
えあこんこんぷれっさー	エアコンコンプレッサー	Máy nén điều hòa	Air-con compressor
えあすぽいら	エアスポイラ	Máy spoiler	air spoiler
えあふろめーたー	エアーフローメーター	đồng hồ đo lưu lượng không khí	air flow meter
えあろぱーつ	エアロパーツ	Bộ phận hàng không	aero parts
えいきゅうまっしょう	永久抹消	xóa vĩnh viễn	eternal deletion
えーあーるひ	A/R比	Tỷ lệ A / R	A/R ratio
えーしーさーぼもーた	ACサーボモータ	Động cơ servo AC	AC servo motor
えきいれされた	焼き入れされた	Cứng	hardened
えきかせきゆがす	液化石油ガス	Khí hóa lỏng	Liquefied Petroleum Gas
えきかてんえんがす	液化天然ガス□	khí tự nhiên hóa lỏng	Liquefied Natural Gas
えきかてんねんがすじどうしゃ	液化天然ガス自動車	xe sử dụng khí tự thiên nhiên hóa lỏng	Liquefied Natural Gas Vehicle
えきぞーすとぱいぷ	エキゾーストパイプ	Ống xả	exhaust pipe
えきぞーすとまにほーるど	エキゾーストマニホールド	máy hút khí	exhaust manifold
えちれんぐりこーる	エチレングリコール	Etylen glycol	Ethylene glycol
えっちぶいばってりー	HVバッテリー	Ắc quy ô tô Hybrid	HV battery
えばぽれーたー	エバポレーター	máy sấy khô	evaporator
えぽきしじゅし	エポキシ樹脂	Nhựa epoxy	epoxy resin
えるぴーがす	LPガス	Khí LP	LP gas
えれくとろにっくどらいびゅにっと	エレクトロニックドライビングユニット	đơn vị lái xe điện tử	electronic driving unit
えんかびにーる	塩化ビニール	nhựa PVC	Polyvinyl Chloride
えんじん	エンジン	động cơ	engine
えんじんおいる	エンジンオイル	Dầu động cơ	engine oil
えんじんかたしき	エンジン型式(E/G型式)	Loại động cơ	engine type
えんしんがばな	エンシンガバナー	thống đốc ly tâm	centrifugal governor
えんしんくらっち	エンシンクラッチ	ly hợp ly tâm	centrifugal clutch
えんじんこんぴゅーた	エンジンコンピュータ	máy tính động cơ	engine computer
えんしんじどうくらっち	遠心自動クラッチ	ly hợp ly tâm tự động	centrifugal automatic clutch
えんしんちゅうぞう	遠心鋳造	đúc ly tâm	centrifugal casting
えんじんふーど	エンジンフード	nắp động cơ	engine hood
えんしんぽんぷ	エンシンポンプ	bơm động cơ	centrifugal pump
えんじんまうんと	エンジンマウント	Gắn động cơ	engine mount

えんしんりょく	遠心力	lực ly tâm	centrifugal force
えんちょう	延長	Tiện ích mở rộng / Sự mở rộng	extension
えんちょうこーど	延長コード	Dây nối/ dây kéo dài	extension cord
えんどゆーざー	エンドユーザー	người dùng cuối	end user
えんばんくらっち	円板クラッチ	đĩa ly hợp	disc clutch
おいるあがり	オイル上がり	dầu tăng	oil rising
おいるくーらー	オイルクーラー	làm mát dầu	oil coole
おいるさがり	オイル下がり	dò rỉ dầu	oil falling
おいるしーる	オイルシール	seal dầu	oil seal
おいるぱん	オイルパン	chảo dầu	oil pan
おうふく	往復	chuyến đi khứ hồi	round trip
おーいーえむせいさん	OEM生産	Sản xuất OEM	Original Equipment Manufacturer
おおきくする	大きくする	Phóng to	enlarge
おーくしょん	オークション	bán đấu giá	auction
おーつーせんさー	O2センサー	cảm biến oxy	O2 sensor
おーとまちっくとらんすみっしょん	オートマチックトランスミッション	hộp số tự động	automatic transmission
おーともーどしふとせいぎょ	オートモードシフト制御	điều khiển dịch chuyển chế độ tự động	auto-mode shift control
おーとれべりんぐせいぎょ	オートレベリング制御	điều khiển tự động cân bằng	auto-leveling control
おーばーひーと	オーバーヒート	Nóng quá mức	overheat
おーばーふぇんだー	オーバーフェンダー	Trên fender	over fender
おーばーほーる	オーバーホール	Đại tu	overhaul
おーばーらんにんぐくらっち	オーバーランニングクラッチ	ly hợp quá mức	over running clutch
おーびーでぃーつー	OBD2	OBD2	OBD-II
おーりんぐ	Oリング	vòn chữ O	O-ring
おく	置く	đặt	put
おす	押す	Đẩy	push
おそらく	おそらく	Có lẽ	Probably
おぞんそう	オゾン層	tầng ozone	ozone layer
おぞんほーる	オゾンホール	Lỗ hổng ôzôn	ozone hole
おねじ	おねじ	vít	male thread
およぼす	及ぼす	gây ra	cause
おるたねーたー	オルタネーター	máy phát điện / dao điện	alternator
おんしつこうか	温室効果	hiệu ứng nhà kính	green house effect
おんしつこうかがす	温室効果ガス	khí hiệu ứng nhà kính	green house gases
かーしゃりんぐ	カーシェアリング	Chia sẻ xe	car sharing
かーてんしきえあーばっく	カーテン式エアーバック	rèm kiểu túi khí	curtain type airbag
かーぼんだいおきさいど	カーボンディオキサイド	khí CO2	Carbon dioxide
かーぼんふぁいばー	カーボンファイバー	Sợi carbon	carbon fiber
かーぼんぶらし	カーボンブラシ	Bàn chải sợi carbon	carbon brush
かいせいぶれーきせいぎょ	回生ブレーキ制御	Kiểm soát phanh tái tạo	regenerative brake control
がいそうぶひん	外装部品	bộ phận ngoại thất	outer parts

かいてん	回転	vòng xoay	rotation
かいてんする	回転する	quay	rotate
かいてんだい	回転台	bàn xoay	turn table
かいてんはんけい	回転半径	Bán kính quay	turning radius
かいてんりょく	回転力	lực quay	turning force
がいぶの	外部の	bên ngoài	external
かきゅうき	過給機	siêu tăng áp	supercharger
かくちょう	拡張	Mở rộng	expansion
かくど	角度	góc	angle
かけざん	掛け算	Phép nhân	multiplication
かけやすい	欠けやすい	Dễ bị mất	easy to lose
かげんする	加減する	Điều chỉnh	adjust
かこう	加工	gia công	processing
かさい	火災	cháy	fire
かさねる	重ねる	chồng lên	pile up
かさばむ	かさばむ	cồng kềnh	bulk
かざり	かざす	Giữ	hold up
かしだし	貸し出し	cho vay	lending
かしょ	個所	Điểm	point
かじょう	過剰	thừa	excess
かじょうがき	箇条書き	khoản mục	bullets
かす	貸す	cho vay	lend
かすか	微か	Mờ nhạt	faint
がすけつ	ガス欠	Hết xăng	out of gas
かすたむかー	カスタムカー	xe đặc chế	custom car
かする	かする	Làm	graze
かせきねんりょう	化石燃料	Nhiên liệu hóa thạch	fossil fuel
かせん	下線	gạch dưới	underline
かぞえる	数える	đếm	count
かそく	加速	sự gia tốc	acceleration
かそくど	加速度	sự gia tốc	acceleration
かそくぽんぷ	加速ポンプ	Máy bơm gia tốc	accelerator pump
がそりん	ガソリン	xăng	gasoline
がそりんたんく	ガソリンタンク	Bình xăng	petrol tank
かたい	硬い	cứng	hard
かたくなる	硬くなる	trở nên cứng / trở nên bị cứng	to become hard
かたしきしていばんごう	型式指定番号	số chỉ định kiểu mẫu	type specified number
かたずける	片づける	Dọn sạch	clear up
かたたんぞう	型鍛造	Khuôn rèn	dieforcing
かたちづくる	形づくる	định hình	to shape
かたまり	塊り	cục/ miếng	lump

かたまる	固まる	Cứng	harden
かたよる	偏る	xu hướng	bias
かたろぐ	カタログ	mục lục	catalog
かたわら	傍ら	bên cạnh	beside
かたをつくる	型をつくる	làm khuôn	shape
かち	価値	giá trị	value
かちがある	価値がある	có giá trị	worth it
がっか	学科	Phòng ban	department
がっき	学期	học kỳ	semester
かっきてきな	画期的な	Đột phá	breakthrough
がっきゅう	学級	lớp học	class
かつぐ	担ぐ	Mang	carry
かっこ	括弧	dấu ngoặc	brackets
がっしり	がっしり	rắn chắc	solid
がっち	合致	Trận đấu/ thống nhất/ nhất trí	match
かつて	かつて	Một lần/ trước	once
かってに	勝手に	Tự ý	arbitrarily
かっぱつ	活発	hoạt bát/ sôi nổi	lively
かっぷりんぐふぁん	カップリングファン	quạt khớp nối	couplling fan
かつよう	活用	Sử dụng	utilization
かつりょくをくわえる	圧力を加える	Áp dụng áp lực	apply pressure
かてい	課程	Khóa học	course
かてい	過程	quá trình	process
かてい	仮定	Giả thiết	assumption
かてごいー	カテゴリー	thể loại	category
かど	角	Góc	corner
かどう	稼働	Hoạt động/ hành động	operation
かどうしーぶ	可動シーブ	Ròng rọc	mobile shipe
かどの	過度の	quá mức/ quá nhiều	excessive
かどのとれた	かどのとれた	Góc tốt	good corner
かどをおとす	かどを落とす	Thả góc	drop the corner
かどをとる	かどを取る	lấy góc	to cut a corner
かなう	叶う	trở thành sự thật	come true
かなきりのこぎり	金切のこぎり	cưa cắt kim loại/Cưa vàng	hacksaw
かなきりばさみ	金切りばさみ	kéo cắt kim loại	metal scissor
かなづち	金槌	cây búa	hammer
かならず	必ず	nhất định / bạn phải	you have to / without fail
かならずしも	必ずしも	nhất thiết	necessarily
かなり	かなり	đáng kể	quite
かなわない	叶わない	Không thành sự thật	not come true
かねつ	過熱	Quá nóng	overheating

かねつした	過熱した	Quá nóng	overheated
かねつする	加熱する	làm nóng	to heat
かねる	兼ねる	gồm có/ kiêm nhiệm	take the place
かぶせる	かぶせる	Che/ đậy	cover
かぷらー	カプラー	bộ ghép	coupler
かへんばるぶきこう	可変バルブ機構	Variable valve thời gian hệ thống	variable valve mechanism
かみあう	噛み合う	cắn nhau / Lưới thép	to engage / mesh
かむしゃふと	カムシャフト	Trục cam	camshaft
からにする	空にする	làm trống	to empty
かるくたたく	軽くたたく	đánh nhẹ	lightly tap
かんかくこうがい	感覚公害	ô nhiễm cảm giác	sensory pollution
かんさつする	観察する	quan sát	Observe
かんしきくらっち	乾式クラッチ	Ly hợp khô	dry clutchdry
かんすう	関数	chức năng	function
かんせいろっくしきかぷら	慣性ロック式カプラ	Bộ ghép ngắn mạch tự động	inertia rock type coupler
かんぜんな	完全な	Hoàn thành	complete
かんそうじゅうりょう	乾燥重量	Trọng lượng khô	dry weightdry
かんてんりょく	回転力	Lực quay	rotational force
ぎあぼっくす	ギアボックス	hộp bánh giảng	gearbox
ぎざぎざの	ぎざぎざの	răng cưa	jagged
きざむ	刻む	Khắc chạm	carve
きす	記す	Ghi chú	Note
きすう	奇数	Số lẻ	odd numbers
きずつける	傷つける	làm tổn thưởng	hurt
きせのんへっどらんぷ	キセノンヘッドランプ	Đèn pha Xenon	xenon head lamp
きたない	きたない	Bẩn	dirty
きちんと	きちんと	gọn gàn	neatly
きつい	きつい	chặt chẽ / Khó khăn	tight
きめこまかな	きめ細かな	có hạt mịn	fine-grained
ぎやおいる	ギヤオイル	dầu bánh răng	gear oil
きゃっぷ	キャップ	nắp	cap
ぎゃっぷ	ギャップ	sự cách nhau	gap
きゃぱした	キャパシタ	Tụ điện	capacitor
ぎやひ	ギヤ比	Tỷ lệ bánh răng	gear ratio
きゃぶれーた	キャブレータ	Bộ chế hòa khí	carburetor
きゅうおんざい	吸音材	Vật liệu hấp thụ âm thanh	sound absorbing material
きゅうきばるぶ	吸気バルブ	Van hút khí	intake valve
きゅうちゃくてんねんがすじどうしゃ	吸着天然ガス自動車	dính khí đốt tự nhiên xe	adhesive natural gas vehicle
きょうかがらす	強化ガラス	Kính thủy tinh luyện	toughened glass
きょうかぷらすちっく	強化プラスチック	Nhựa cốt sợi	Fiber Reinforced Plastics
ぎょうきゅう	供給	Cung cấp	supply

きょうしん	共振	Cộng hưởng	resonance
きょうだ	強打	vỡ mạnh/ đánh mạnh	bang
きょうめい	共鳴	Cộng hưởng/ đồng cảm	resonance
きょようごさ	許容誤差	sai số cho phép	tolerance
きりとる	切り取る	cắt ra	cut out
きる	切る	cắt	to cut
きれいな	綺麗な	Đẹp	beautiful
きろくする	記録する	Ghi lại	record
きんしつねんしょう	均質燃焼	Đốt cháy đồng nhất	homogeneous combustion
くうかん	空間	không gian	space
ぐうすう	偶数	số chẵn	even numbers
くうねつひ	空燃比	Tỉ lệ nhiên liệu không khí	Air-fuel ratio
くぉーたーぱねる	クォーターパネル	một phần tư bảng	quarter panel
くずれた	くずれた	Bị hỏng / Sụp đổ	broken / collapsed
くだけやすい	砕けやすい	Dễ dàng để phá vỡ / Mong manh	easy to break / fragile
くどうけいぶひん	駆動系部品	bộ phần hệ thống truyền động	Drive train parts
くどうりん	駆動輪	bánh xe phát động	driving wheel
くぼみ	くぼみ	chỗ bị mẻ / Rỗng	indentation / hollow
くぼんだ	くぼんだ	Lõm / Bị chìm	recessed / sunken
くみたてる	組み立てる	tập hợp	assemble
くらっしゅでてくしょんせんさ	クラッシュディテクションセンサ	Bộ cảm biến phát hiện va chạm	crash detection sensor
くらっちでいすく	クラッチデイスク	đĩa ly hợp	clutch disk
くらんくかくせんさー	クランク角センサー	Quây cảm biến góc	crank angle sensor
くらんくぷーり	クランクプーリー	crank ròng rọc	crank pulley
くりーんえねるぎーじどうしゃ	クリーンエネルギー自動車	Năng lượng sạch xe	clean energy vehicle
ぐりーんはうすこうか	グリーンハウス効果	Hiệu ứng nhà kính	Greenhouse effect
くろすぐるーぷがたとうそくじょいんと	クロスグループ型等速ジョイント	chéo rãnh loại CV doanh	cross groove type CV joint
くろすめんばー	クロスメンバー	thành viên chéo	cross member
くろむもりぶでんこう	クロモリ鋼	thép crom molybden	chromium molybdenum steel
けいしゃ	傾斜	nghiêng / Dốc	inclination / slope
けいしゃする	傾斜する	Nghiêng / Để nghiêng	incline
けいすう	係数	hệ số	coefficient
けいそ	珪素	Silicon	Silicon
けいたいにべんりな	携帯に便利な	Thuận tiện để mang theo	convenient to carry
げーじ	ゲージ	máy đo/khí áp kế	gauge
けがきばり	けがき針	Kim viết nguệch ngoạc	scribing needle
けがきぼう	けがき棒	Cây viết nguệch ngoạc	scribble stick
けずりとる	削り取る	Cạo bỏ	shave off
けずる	削る	Làm sắc nét	shave
けっかん	欠陥	khiếm khuyết/ nhược điểm	defect
けっかんのある	欠陥のある	Khiếm khuyết	defective

けっていする	決定する	quyết định	decide
けってん	欠点	Bất lợi	disadvantage
けってんのある	欠点のある	Thiếu sót	flawed
けつろん	結論	Phần kết luận	conclusion
けんさする	検査する	Kiểm tra	inspect
げんしょう	減少	scribble stick	decrease
げんしょう	現象	hiện tượng	phenomenon
けんこうけいえい	健康経営	Phương pháp giải pháp để quản lý doanh nghiệp hợp lý do WFN ủng hộ, v.v.	Solution approach to rational business management supported by WFN, etc
こいるすぷりんぐ	コイルスプリング	lò xo cuộn	coil spring
こうあつすわーるいんじぇくた	高圧スワールインジェクタ	kim phun swirl áp lực cao	high pressure swirl injector
こうあつふゅーえるぽんぷ	高圧フューエルポンプ	Máy bơm nhiên liệu áp lực cao	high pressure fuel pump
こうか	効果	hiệu ứng/ hiệu quả	effect
こうかがくすもっぐ	光化学スモッグ	hơi sương Photochemical	photochemical smog
こうかんする	交換する	trao đổi/ đổi	exchange
こうきゅうな	高級な	sang trọng/cao cấp	deluxe
ごうきんこう	合金鋼	Thép hợp kim	alloy steel
こうぐ	工具	dụng cụ/ công cụ	tool
こうじく	光軸	trục quang	optic axis
ごうたいしんどう	剛体振動	rung động cứng nhắc	rigid vibration
こうたいする	交代する	Thay phiên	take turns
こうちょうりょくこうばん	高張力鋼板	thép độ bền kéo cao	high tensile strength steel
こうぶんしかごうぶつ	高分子化合物	Các hợp chất phân tử cao	high polymer compound
こうほうかんしかめら	後方監視カメラ	camera quan sát phía sau	rear view inspection camera
こうぼうちょうひさいくるがそりんえんじん	高膨張比サイクルガソリンエンジン	Động cơ xăng tỷ lệ mở rộng cao	high expansion ratio cycle gasoline engine
こうめん	後面	mặt sau	back face
こーしょんぷれーと	コーションプレート	Thẻ đồng	caution plate
こきゃくまんぞくど	顧客満足度	Sự hài lòng của khách hàng	Customer Satisfaction
こくえん	黒煙	Khói đen	black smoke
こくさいひょじゅんかきこう	国際標準化機構	Tổ chức tiêu chuẩn quốc tế	International Standardization Organization
ごくちょうていこうがいしゃ	極超低公害車	xe ô nhiễm siêu siêu thấp	Super Ultra Low Emission Vehicle
こげる	焦げる	bị cháy/ cháy	burn
こじあける	こじ開ける	Phá vỡ mở / Cạy mở	break open / pry open
こじんまりとした	こじんまりした	Nhỏ	small
こたいまさつ	固体摩擦	ma sát rắn	solid friction
こっこうしょう	国交省	Bộ đất đai, cơ sở hạ tầng và giao thông vận tải	Ministry of Land, Infrastructure, Transport and Tourism
こったぴん	コッタピン	Pins	cotter pin
こていする	固定する	cố định/ giữ nguyên	fix
ごみ	ごみ	Rác	garbage
ごむはんまー	ゴムハンマー	Búa cao su	rubber hammer

こもりおん	こもり音	tiếng ồn bị bóp nghẹt	muffled noise
こもんれーる	コモンレール	đường ray chung	common-rail
こもんれーるいんじぇくた	コモンレールインジェクタ	bộ phun đường ray chung	Injector for common-rail
こもんれーるしきこうあつねんりょうふんしゃしすてむ	コモンレール式高圧燃料噴射システム	Hệ thống phun nhiên liệu áp lực cao loại đường ray chung	common-rail type high pressure fuel injection system
こもんれーるよういんじぇくた	コモンレール用インジェクタ	kim phun nhiên liệu cho đường sắt chung	Common Rail's Injector
こもんれるあつりょくせいぎょ	コモンレール圧力制御	bộ điều khiển áp suất đường ray chung	common-rail pressure control
こりおりこ	コリオリ力	Lực Coriolis	Coriori force
こわす	壊す	phá vỡ/ đánh vỡ/ phá bỏ	break down
こんばーた	コンバータ（ハイブリットシステム）	Chuyển đổi (hệ thống lái)	converter
こんびねーしょんすぱな	コンビネーションスパナ	Cờ lê kết hợp	combination spanner
こんぷれっさー	コンプレッサー	Máy nén khí	compressor
こんろっど	コンロッド	Kết nối rod	conrod
さーもすたっと	サーモスタット	máy điều nhiệt	thermostat
さいがい	災害	thảm họa	disaster
さいこうしゅつりょく	最高出力	đầu ra lớn nhất/ đầu ra tối đa	maximum power
さいせいかのうえねるぎー	再生可能エネルギー	Năng lượng tái tạo	Renewable Energy
さいだいとるく	最大トルク	Mô-men xoắn tối đa	maximum torque
さいどえあばっくあっせんぶり	サイドエアバックアッセンブリ	lắp ráp túi khí bên	side air bag assembly
さいどしる	サイドシル	Ngưỡng cửa bên	side shill
さいりようぶひん	再利用部品	bộ phận tái chế	recycle parts
さうんどすこーぷ	サウンドスコープ	Phạm vi âm thanh	sound scope
さがす	探す	tìm kiếm	look for
さきぼその	先細の	Giảm dần	Tapered
さぎょうひょうじゅんしょ	標準作業書	Hướng dẫn sử dụng chuẩn thao tác	job instruction sheet
さけめ	裂け目	Một vết nứt / Rạn nứt	split / rift
さける	避ける	tránh / Để tránh	avoid
さげる	下げる	hạ thấp/ hạ xuống	to lower
ささえる	支える	hỗ trợ / ủng hộ	to support
さしこむ	差し込む	cắm vào / chèn	to plug in / insert
さすぺんしょん	サスペンション	Hệ thống treo	suspension
さてらいとせんさ	サテライトセンサ	cảm biến vệ tinh	satellite sensor
さばいらるけーぶる	スパイラルケーブル	Cáp xoắn ốc	spiral cable
さび	錆	Rỉ	rust
さびた	錆びた	Rỉ	rusted
さびつく	錆つく	Rỉ sét	to rust
さぷらいぽんぷ	サプライポンプ	bơm cấp	supply pump
さむい	寒い	Trời lạnh / Lạnh	cold
ざらざらした	ざらざらした	thô ráp	rough
さんかくっけい	三角形	Tam giác	triangle
さんかくやすり	三角やすり	giữa tam giác	triangle filing

さんぎあ	サンギア	Bánh răng mặt trời	sun gear
さんげんしょくばい	三元触媒	Chất xúc tác ba chiều	three way catalyst
さんせいう	酸性雨	Mưa axít	Acid rain
しあげ	仕上げ	Kết thúc / Hoàn thành	finishing
しーえぬじーいんくじぇくた	ＣＮＧインジェクタ	phun CNG	CNG injector
しーえぬじーじどうしゃ	ＣＮＧ自動車	ô tô CNG	CNG vehicle
しーえぬじーれぎゅれーた	ＣＮＧレギュレータ	bộ điều chỉnh CNG	CNG regulator
しーけんしゃるふんしゃほうしき	シーケンシャル噴射方式	phương thức phun nhiên liệu Sequential	sequential injection method
しーとべると	シートベルト	dây an toàn	seatbelt
しーとべるとぷりてんしょなー	シートベルトプリテンショナー	Thiết bị cuộn dây đai	seatbelt pretensioner
じぇねれーた	ジェネレータ	Máy phát điện	generetor
しぇるがたべありんぐかっぷじょいんと	シェル形ベアリングカップジョイント	loại khớp nối ổ trục	shell type bearing coupling joint
しかくけい	四角形	quảng trường	rectangle
しかしながら	しかしながら	Tuy nhiên	however
じくうけ	軸受	Vòng bi	bearing
じこしんだんしすてむ	自己診断システム	Hệ thống tự chẩn đoán	self-diagnosis system
じこちゃっか	自己着火	Tự đánh lửa	spontaneous ignition
じこほうでん	自己放電	Tự phóng điện	self discharge
じこゆうどう	自己誘導	tự cảm ứng	self induction
じざいつぎて	自在継手	Phổ doanh / Khớp phổ quát	universal joint
しすてむめいんりれー	システムメインリレー	Chính chuyển tiếp	system main relay
しぜんきゅきえんじん	自然吸気エンジン	động cơ Tự nhiên-aspirated	natural aspiration
しぜんちゃかげんしょう	自然着火現象	hiện tượng đánh lửa tự nhiên	natural firing phenomenon
したがって	従って	vì thế	therefore
しっかりしめる	しっかり締める	Thắt chặt	tighten tightly
しっかりもつ	しっかり持つ	Giữ chặt	hold firmly
しつぎおうとう	質疑応答	Mục Hỏi và trả lời	Question-and-answer session
しっくねすげーじ	シックネスゲージ	Đo độ dày	thickness gauge
しっけ	湿気	ẩm thấp/ hơi ẩm	moisture
しつけ	しつけ	Kỷ luật	Discipline
じつげん	実現	Hiện thực hóa	Realization
じっけんする	実験する	Thí nghiệm	Experiment
しつこい	しつこい	Van lơn/ lằng nhằng	Insistent
じっこうする	実行する	Hành hình	Execute
じっさいに	実際に	thực ra	actually
じっしする	実施する	thực hiện/ thực thi	carry out
じっしつ	実質	Vật chất	Substance
じっしゅう	実習	thực hành	practice
じっせき	実績	thành tích	Performance
じっせんする	実践する	Thực hành	Practice
じったい	実態	Thực tế	Reality

しっている	知っている	biết rồi	know
しっど	湿度	Độ ẩm	Humidity
じっと	じっと	Vẫn/ chịu đựng	Still
じつは	実は	Thực ra	Actually
しっぱい	失敗	Sự thất bại	Failure
しっぷ	湿布	Nén/ chườm ướt	Compress
じつぶつ	実物	Điều có thật	Real thing
しつもん	質問	Câu hỏi	Question
じつよう	実用	Thực dụng	Practical
じつりょう	質量	khối lượng	mass
じつりょく	実力	thực lực	Ability
じつれい	実例	Hình minh họa/ ví dụ thực tế	Illustration
してい	指定	Chỉ định	Designation
してきする	指摘する	Chỉ ra	Pointed out
してはならない	してはならない	không nên làm	should not be done
してもらう	してもらう	làm điều đó cho tôi	do that for me
してん	支点	điểm tựa	fulcrum
してん	視点	quan điểm/ quan điểm	point of view
じてん	時点	Thời điểm	Time point
じてん	自転	Vòng xoay/ sự tự xoay vòng	rotation
しどう	始動	Khởi đầu/ động đậy	Start
じどう	自動	Tự động	Automatic
じどうしゃ	自動車	Ô tô	Automobile
じどうしゃせいびぎょうしゃ	自動車整備業者	Nhà thầu bảo dưỡng ô tô	automotive maintenance supplier
じどうしゃりさいくるほう	自動車リサイクル法	luật tái chế xe ô tô	Law Concerning Recycling Mesures of End-of-life Vehicles
じどうちょうせいたぺっと	自動調整タペット	tappets điều chỉnh tự động	self-adjusting tappet
しなぎれ	品切れ	Hết hàng	Out of stock
しなければならない	しなければならない	Phải	Must
しなやか	しなやか	Dẻo dai/ mềm dẻo	Supple
しばしば	しばしば	thường xuyên	often
しばらく	しばらく	trong một thời gian	for a while
しばる	縛る	buộc	Tie
じびょう	持病	Bệnh mãn tính	Chronic illness
しびれ	痺れ	tê tái/ tê liệt	numbness
しびれる	しびれる	Tê	Numb
しぶいてぃーふるーど	ＣＶＴフルード	chất lỏng CVT	CVT fluid
しぶつ	私物	Tài sản cá nhân	Personal property
しぼう	志望	Khát vọng/ ước vọng	Aspirations
しぼる	絞る	vắt kiệt	squeeze
しぼんだ	しぼんだ	Héo / Nhún	shrunk
しまいに	終いに	Cuối cùng	At the end

しまう	しまう	Kết thúc/ hoàn thành	End up
しまつ	始末	Thải bỏ	Disposal
しまる	閉まる	Đóng	Close
しみー	シミー	đảo bánh trước/ rung lắc	shimmy
しみじみ	しみじみ	Ướt sũng/ sâu sắc	Soaked
しみゅれーしょん	シミュレーション	mô phỏng	simulation
しみる	しみる	Nhìn/ ngâm	Simmer
じむ	事務	Công việc văn phòng	Office work
しめい	使命	sứ mệnh	mission
しめいする	指名する	Đề cử/ bổ nhiệm	Nominate
しめきる	締め切る	Hạn chót/ ngừng	Deadline
しめす	示す	Chỉ	show
しめつけじゅんじょ	締付け順序	thuần tự siết	tightening order
しめる	占める	Chiếm	Occupy
しめる	締める	Thắt chặt	Tighten
しめる	閉める	đóng	close
じめん	地面	Đất	Ground
しも	霜	sương giá	frost
しや	視野	Góc nhìn/ tầm nhìn	Field of view
しゃがいぶひん	社外部品	Bộ phận bên ngoài/ bộ phận hậu mãi	aftermarket parts
じゃかく	斜角	Góc bevel	bevel angle
しゃがむ	しゃがむ	ngồi xổm	squat
じゃかん	若干	Nhẹ nhàng/ ít nhiều	Slightly
しゃかんきょりけいほうそうち	車間距離警報装置	thiết bị báo động khoảng cách giữa các xe	Vehicle distance alarm system
じゃく	弱	Yếu	weak
じゃぐち	蛇口	vòi nước	faucet
じゃくてん	弱点	Yếu đuối/ điểm yếu	Weakness
しゃこ	車庫	Nhà để xe	Garage
しゃせいする	写生する	Để phác thảo/ vẽ phác	To sketch
しゃせん	車線	Làn đường	Lane
しゃったー	シャッター	màn trập/ cửa chớp	shutter
じゃだーげんしょう	ジャダ現象	hiện tượng jadder	jadder phenomenon
しゃっとだうん	シャットダウン（ハイブリットシステム）	tắt (hệ thống lai)	shut down (hybrid system)
しゃどう	車道	lòng đường/ đường xe chạy	roadway
しゃはばとう	車幅灯	Đèn định vị	clearance lamp
しゃふと	シャフト	trục	shaft
じゃまな	邪魔な	Làm phiền / trở ngại	Annoying
しゃめん	斜面	Dốc	Slope
じゃり	砂利	sỏi	gravel
しゃりょう	車両	phương tiện/ xe cộ	vehicle
しゃりょうあんていせいぎょそうち	車両安定制御装置	Thiết bị kiểm soát ổn định xe	Vehicle Safety Control System

しゃりょうじゅうりょう	車輌重量	Trọng lượng của xe	vehicle weight
しゃりょうそうじゅうりょう	車輌総重量	Tổng trọng lượng của xe	vehicle total weight
しゃりょうばんごう	車両番号	số xe	fleet number
しゃりん	車輪	Bánh xe	Wheel
しゃんく	シャンク	chân	shank
じゃんぷ	ジャンプ	Nhảy	Jump
じゃんる	ジャンル	Thể loại	Genre
しゅうい	周囲	Bao quanh/ chung quanh	Surrounding
しゅうがく	修学	Học	Study
しゅうがく	就学	Đi học	Attending school
しゅうかん	習慣	Tập quán	Custom
しゅうき	周期	giai đoạn = Stage/ chu kỳ	period
しゅうぎょう	就業	Việc làm	Employment
しゅうぎょう	修行	Đào tạo	Training
じゅうきんぞく	重金属	Kim loại nặng	heavy metals
しゅうし	終始	Từ lúc bắt đầu đến khi kết thúc	From beginning to end
じゅうしする	重視する	nhấn mạnh	To emphasize
じゅうじする	従事する	Thuê/ làm/ tiến hành	Engage
しゅうじつ	終日	Cả ngày	All day
しゅうしょく	就職	Việc làm	Employment
じゅうず	上手	Giỏi về	Good at
じゅうたい	渋滞	Giao thông tắc nghẽn	Traffic jam
じゅうだい	重大	Nghiêm trọng/ trọng đại	Serious
しゅうちゅう	集中	tập trung	Concentration
しゅうちゅうてきな	集中的な	tập trung	intensive
じゅうてん	充填	đổ đầy	filling
じゅうてん	重点	Nhấn mạnh/ điểm quan trọng	Emphasis
じゅうでん	充電	sạc	charging
じゅうでんき	充電器	Bộ sạc	Charger
じゅうでんけいこくとう	充電警告灯	đèn cảnh báo sạc	charging warning light
じゅうでんけいこくとうでんりゅう	充電電流	hiện tại đang sạc	charging current
じゅうてんこうりつ	充填効率	hiệu suất lấp đầy	filling efficiency
じゅうてんする	充填する	Để điền/ làm đầy	to fill
じゅうなんな	柔軟な	mềm dẻo / Linh hoạt	flexible
じゅうにかくそけっとられんち	１２角ソケットレンチ	cờ lê đầu ống 12 giác	12 square socket wrench
しゅうはすうしんごうせんさ	周波数信号センサ	cảm biến tín hiệu tần số	frequency signal sensor
しゅうふく	修復	sửa	repair
じゅうぶんに	十分(充分）に	Vừa đủ)	Enough
じゅうらい	従来	Thông thường	Conventional
しゅうり	修理	Sửa	Repair
じゅうりこうじょう	修理工場	nhà máy sửa chữa	Repair plant

しゅうりする	修理する	Sửa / Sửa chữa	repair
しゅうりょう	修了	Hoàn thành	Completion
しゅうりょう	終了	Kết thúc	End
じゅうりょう	重量	cân nặng	weight
じゅうりょく	重力	Trọng lực	gravity
しゅかん	主観	Chủ quan	Subjectivity
じゅぎょう	授業	Lớp học	Class
しゅくしょう	縮小	Giảm/ co nhỏ	Reduction
じゅくりょ	熟慮	suy nghĩ cân nhắc kỹ	Contemplation
じゅくれん	熟練	Kỹ năng	Skill
じゅけん	受験	Kiểm tra/ đi thi	Examination
しゅし	趣旨	Hiệu ứng/ ý đồ	Effect
しゅしゅ	種々	đa dạng	varied
しゅしん	受信	Nhận được	Receive
しゅだん	手段	có nghĩa/ phương pháp	means
しゅっせ	出世	Sự thành công/ sự tăng tiến	Success
しゅっせき	出席	Điểm danh	Attendance
しゅつだい	出題	Câu hỏi	Question
しゅつりょくかいろくどうあくちゅえーた	出力回路駆動アクチュエータ	bộ truyền động mạch đầu ra	output circuit drive actuator
しゅどう	手動	Thủ công	Manual
しゅどう	主導	Sáng kiến/ chủ đạo	Initiative
しゅとく	取得	thu được	Acquisition
じゅなんな	柔軟な	Linh hoạt	flexible
しゅび	守備	Phòng thủ	Defense
しゅほう	手法	Kỹ thuật	Technique
じゅみょう	寿命	tuổi thọ	lifespan
しゅよう	主要	Chủ yếu	Main
じゅよう	需要	nhu cầu	demand
じゅような	重要な	quan trọng	important
しゅるい	種類	chủng loại	type
しゅれだー	シュレダー	Máy hủy tài liệu	Shredder
しゅれだだすと	シュレッダダスト	bụi băm	shredder dust
じゅんおう	順応	Sự thích nghi	Adaptation
しゅんかん	瞬間	chốc lát	moment
じゅんかん	循環	Vòng tuần hoàn	Circulation
じゅんかんがたしゃかい	循環型社会	xã hội tái chế	recycling society
じゅんじゅんに	順々に	Theo thứ tự	In sequence
じゅんじょ	順序	đặt hàng/ tuần tự	order
じゅんすい	純粋	nguyên chất	pure
じゅんせいぶひん	純正部品	Phụ tùng chính hãng	genuine parts
じゅんちょう	順調	Thông suốt/ thuận lợi	Smoothly

じゅんばん	順番	Xoay	Turn
じゅんび	準備	Sự chuẩn bị	Preparation
しよう	使用	sử dụng	use
しよう	仕様	sự chỉ rõ/ cách	specification
じょう	錠	Khóa	Lock
じょうい	上位	Thứ hạng cao	High rank
しょうおんき	消音器	Silencer / bộ giảm thanh	muffler
しょうかい	紹介	Giới thiệu	Introduction
しょうかい	照合	xác minh/ so sánh	Collation
しょうかき	消火器	bình cứu hỏa	fire extinguisher
じょうき	蒸気	hơi nước	vapor
じょうぎ	定規	cái thước	ruler
じょうきゅう	上級	Nâng cao	Advanced
しょうきょ	消去	Xóa	Erase
じょうきょう	状況	Tình hình/ tình huống	Situation
しょうきょくてき	消極的	có tính tiêu cực	Negative
じょうげ	上下	Lên và xuống	Up and down
しょうげき	衝撃	sự va chạm/ sự sốc	impact
しょうげき	衝動	dung động	impulse
じょうけん	条件	điều kiện	conditions
しょうこ	証拠	chứng cớ	evidence
じょうこう	徐行	chậm lại/ diễn tiến chậm	slow down
しょうさい	詳細	Chi tiết	The details
しょうさん	硝酸	axit nitric	nitric acid
しょうじ	消磁	Khử từ	demagnetization
じょうし	上司	Ông chủ	boss
しょうじき	正直	Trung thực	Honesty
じょうしき	常識	ý thức chung	common sense
じょうしつ	上質	Chất lượng tốt	high quality
じょうしてん	上死点	điểm chết tren	Top Dead Center
じょうしゃ	乗車	Nội trú	Boarding
しようしょ	仕様書	bảng chỉ rõ	Specification
しょうしょう	少々	một chút	a little
じょうしょう	上昇	Tăng lên	Rise
しょうじる	生じる	Xảy ra/ nảy sinh	Occur
しょうすう	少数	một vài	a few
しょうすうてん	小数点	Dấu thập phân	decimal point
しようずみじどうしゃ	使用済み自動車	xe ô tô đã sử dụng	End of Life Vehicle
じょうたい	状態	Tiểu bang / Trạng thái	state
じょうたつした	上達した	Cải tiến	Improved
しょうちする	承知する	Công nhận	Be aware

しょうてん	焦点	tiêu điểm	focus
しょうどく	消毒	Khử trùng	Disinfection
しょうとつ	衝突	va chạm	collision
しょうにん	承認	Sự chấp thuận	Approval
しょうばい	商売	kinh doanh	business
じょうはつ	蒸発	bay hơi/ bốc hơi	evaporation
しょうひ	消費	tiêu dùng	consumption
じょうぶ	上部	Phần trên	Upper part
じょうぶな	丈夫な	Mạnh mẽ / vững chắc	sturdy / durable
しようほう	使用法	cách sử dụng	how to use
じょうほう	情報	thông tin	information
しょうみ	正味	mạng lưới/ ròng	net
しょうみしゅつりょく	正味出力	net mã lực	net horsepower
じょうみゃく	静脈	tĩnh mạch	vein
しょうめい	照明	sự chiếu sáng	illumination
しょうめいしょ	証明書	Chứng chỉ	Certificate
しょうめいする	証明する	Chứng minh	Prove
しょうめん	正面	Mặt chính / trước mặt	front face
しょうもうした	消耗した	Kiệt sức	Exhausted
しょうよう	商用	Thương mại	Commercial
しょうりゃく	省略	rút gọn/ lược bỏ	abridgement
じょうりゅう	蒸留	chưng cất	distillation
じょうりゅうすい	蒸留水	Nước cất	distilled water
しょうりょう	少量	Số lượng nhỏ	Small amount
じょうれい	条例	Sắc lệnh/ điều lệnh	Ordinance
しょーるーむ	ショールーム	phòng trưng bày	showroom
じょがい	除外	Loại trừ / ngoại trừ	Exclusion
しょかん	触感	Cảm thấy/ xúc giác	Feel
しょき	初期	ban đầu	initial
しょきゅう	初級	mức độ cơ bản	Beginner
じょきょする	除去する	Để xóa / Tẩy y/ đỏ đi / trừ bỏ	remove
しょくぎょう	職業	Nghề nghiệp	Profession
しょくにん	職人	Thợ thủ công	Craftsman
しょくば	職場	nơi làm việc	workplace
しょくばい	触媒	bộ chuyển đổi xúc tác ô tô	automotive catalytic convertor
しょくむ	職務	Nhiệm vụ	Duties
じょげん	助言	khuyên bảo/ lời khuyên	advice
しょしき	書式	định dạng	Format
じょしつ	除湿	Hút ẩm	Dehumidification
じょしゅせきじょういんけんちしすてむ	助手席乗員検知システム	hệ thống phát hiện ghế trợ lý	assistant seat detection system
じょじょに	徐々に	dần dần	gradually

しょしんしゃ	初心者	Người bắt đầu	Beginner
じょすう	序数	Số thứ tự	cardinal numbers
しょせき	書籍	Sách	Books
しょぞく	所属	Thuộc về	Belongs
しょち	処置	sự đối xử	treatment
しょっく	ショック	sốc	shock
しょっくあぶそーばー	ショックアブソーバ	bộ giảm xóc	shock absorber
しょっちゅう	しょっちゅう	Thường xuyên	Often
しょっぷ	ショップ	cửa tiệm/ cửa hiệu	shop
しょていのいち	所定の位置	Tại chỗ	In place
しょとく	所得	thu nhập = earnings	income
しょぶん	処分	thải bỏ	disposal
しょほ	初歩	Sơ cấp	Beginning
しょゆう	所有	Chiếm hữu/ sở hữu	Possession
しょり	処理	Chế biến/ xử lý	processing
しらべる	調べる	kiểm tra / Để điều tra	investigate
しりあるなんば	シリアルナンバー	số sê-ri	serial number
しりーず	シリーズ	loạt	series
しりーずはいぶりっとしすてむ	シリーズハイブリットシステム	Hệ thống hybrid Series	series hybrid system
しりょう	資料	Tài liệu	Document
しりんだ	シリンダ	xi lanh	cylinder
しりんだあな	シリンダ穴	Lỗ xi lanh	cylinder hole
しりんだーぶろっく	シリンダーブロック	khối xi lanh	cylinderhead block
しりんだーへっど	シリンダーヘッド	đầu xi-lanh	cylinder head
しりんだぼあ	シリンダーボア	xi lanh khoan	cylinder bore
しる	知る	biết	know
しるし	印	dấu	mark
しれい	指令	Chỉ huy/ chỉ thị	Command
しれほど	それ程	Nhiều/ ở mức độ đó	That much
しろおと	素人	người nghiệp dư	amateur
しわ	しわ	Nếp nhăn	Wrinkles
しん	芯	cốt lõi	core
しんか	進化	sự phát triển	evolution
しんくう	真空	chân không	vacuum
しんけい	神経	Thần kinh	Nerve
しんけんに	真剣に	Nghiêm túc	Seriously
しんごう	信号	tín hiệu/ đèn hiệu/ báo hiệu	signal
しんごうけいたい	信号形態	dạng tín hiệu	signal form
しんこうする	進行する	tiến hành	proceed
じんこうの	人工の	nhân tạo	artificial
しんこくしょ	申告書	Tờ khai	Declaration form

しんさ	審査	Kiểm tra	Examination
しんじつ	真実	sự thật	truth
しんしゃ	新車	Xe mới	new car
しんしゅつ	進出	Nâng cao	Advance
しんせいひん	新製品	sản phẩm mới	new product
しんそう	真相	chân tướng	truth
じんそく	迅速	Nhanh chóng	Quick
しんだん	診断	Chẩn đoán	Diagnosis
しんたんこう	浸炭鋼	Carburizing thép	cement steel
しんちゅう	真鍮	Đồng thau	brass
しんちょう	慎重	Cẩn thận	Careful
しんどう	振動	rung động	vibration
しんどうきょうせいりょく	振動強制力	lực rung cưỡng buộc	vibration forcing
しんどうけい	振動計	máy đo độ rung	vibrometer
しんどうそうおんぶんせきき	振動騒音分析器	Độ rung và tiếng ồn Analyzer	vibration and noise analyzer
しんどうぼうしぷろぺらしゃふと	振動防止式プロペラシャフト	trục cánh quạt chống rung	anti-vibration type propeller shaft
しんどうよくせいざいりょう	振動抑制材料	vật liệu giảm rung	vibration suppression material
しんにゅうきんし	進入禁止	Cấm vào	No entry
しんぱい	心配	lo/ lo lắng	worry
しんぴん	新品	hàng mới	Brand new
しんぽ	進歩	Phát triển	Progress
しんぼう	心棒	Trục gá	shaft
しんぼうづよい	辛抱強い	Kiên nhẫn	Patient
しんらいできる	信頼できる	Đáng tin cậy	Reliable
しんり	心理	Tâm lý	Psychology
しんり	真理	sự thật	truth
しんろ	進路	lộ trình	course
ず	図	Nhân vật/ hình dáng	Figure
すいあつ	水圧	Áp lực nước	Water pressure
すいあつの	水圧の	Thủy lực / Áp lực nước	hydraulic
すいい	水位	Mức nước	Water level
すいぎん	水銀	Thủy ngân	mercury
すいじゅん	水準	cấp độ	level
すいじょうき	水蒸気	hơi nước	water vapor
すいせん	推薦	sự giới thiệu	Recommendation
すいそ	水素	hydro	hydrogen
すいそく	推測	Phỏng đoán	Guess
すいちょく	垂直	theo chiều dọc/ thẳng góc	vertical
すいちょくな	垂直な	Dọc / Theo chiều dọc	vertical
すいっち	スイッチ	công tắc điện	switch
すいっちくどうあくちゅえーた	スイッチ駆動アクチュエータ	chuyển đổi ổ đĩa thiết bị truyền động	switch drive actuator

すいっちょくの	垂直の	Dọc	vertical
すいてい	推定	Ước lượng/ suy đoán	Estimation
すいてき	水滴	Giọt nước	Water drop
すいぶん	水分	độ ẩm/ hơi ẩm	moisture
ずいぶん	随分	Nhiều/ cực độ	Much
すいめん	水面	Mặt nước	Water surface
すう	吸う	hút	suck
すうじ	数字	Con số	Number
すうち	数値	Giá trị bằng số	Numerical value
すーぱーちゃーじゃー	スーパーチャージャー	Bộ siêu tăng áp	supercharger
すうりょう	数量	định lượng/ số lượng	quantity
すえつける	据え付ける	bộ	set
すえる	据える	xếp/ đặt / Bộ	place / set
ずかい	図解	Hình minh họa	Illustration
すかいふっくせいぎょ	スカイフック制御	điều khiển móc bầu trời	sky-hook control
すきーる	スキール	kêu la	squeal
すきとおる	透き通る	Trong suốt	Transparent
すきま	隙間	Giải phóng mặt bằng / Lỗ hổng	clearance / gap
すぎる	過ぎる	Vượt qua	Pass
すくなくとも	少なくとも	ít nhất	at least
すぐれた	優れた	nổi bật	outstanding
すこしずつ	少しずつ	từng chút một	little by little
すこしも	少しも	Ngay cả một chút	Even a little
ずさん	ずさん	luộm thuộm	sloppy
すず	錫	Thiếc	Tin
すすぐ	すすぐ	Rửa sạch	Rinse
すずごうきん	錫合金	hợp kim thiếc	tin alloy
すすむ	進む	tiến lên	move on
すすめる	勧める	giới thiệu	recommend
すすめる	進める	Tiến hành	Proceed
すそじどうしゃ	水素自動車	xê ô tô Hydro	Hydrogen Vehicle
すたびらいざー	スタビライザー	Ổn định	stabilizer
すちーるべると	スチールベルト	Dây đai thép	steel belt
すっかり	すっかり	Hoàn toàn	Completely
ずっと	ずっと	Mãi mãi	Forever
すてありんぐ	ステアリング	thiết bị chỉ đạo	steering
すてありんぐぎあぼっくす	ステアリングギアボックス	Hộp bánh lái	steering gear box
すてありんぐしぇいくだんぱ	ステアリングシェイクダンパ	tay lái rung van điều tiết	steering shake damper

すてありんぐせんさ	ステアリングセンサ	cảm biến lái	steering sensor
すてありんぐだんぱ	ステアリングダンパ	Ban chỉ đạo giảm xóc	steering damper
すてありんぐほいーる	ステアリングホイール	vô lăng	steering wheel
すてーたー	ステーター	Cuộn dây cố định	stator
すでに	すでに	Đã sẵn sàng/ đã rồi	Already
すてる	捨てる	vứt đi	throw away
すとーるてすと	ストールテスト	Kiểm tra tốc độ của đầu ra bánh răng cố định khi động cơ mở hoàn toàn	stall test
すとらっと	ストラット	Prop/ đi khệnh khạng	strut
すとらっとたわーばー	ストラットタワーバー	thanh tháp thanh chống	strut tower bar
すとれーなー	ストレーナー	Thiết bị lọc	strainer
すとろーく	ストローク	Khoảng cách đi từ đầu đến cuối	stroke
すなわち	すなわち	nói cách khác/ có nghĩa là	that is
すぱーくぷらぐ	スパークプラグ	Bugi	spark plug
すぱいらるけーぶる	スパイラルケーブル	cáp xoắn ốc	spiral cable
すぱな	スパナ	cờ lê	spanner
すぴーかー	スピーカー	loa	speaker
すぴーど	スピード	tốc độ	speed
ずひょう	図表	Đồ thị/ biểu đồ	Chart
すぴんどる	スピンドル	Trục	spindle
すぴんどるおいる	スピンドルオイル	Dầu thủy lực	spindle oil
すぷーるばるぶ	スプールバルブ	van ống	spool valve
すふぇりかるじょいんと	スフェリカルジョイント	khớp hình cầu	spherical joint
すぷらいん	スプライン	Đường rãnh	spline
すぷらいんしゃふと	スプラインシャフト	Spline trục	spline shaft
すぷらぐくらっち	スプラグクラッチ	sprag ly hợp	sprag clutch
すぷらっしゅ	スプラッシュ	văng lên	splash
すぷらんぐうぇえいと	スプラングウェイト	sprung trọng lượng	sprung weight
すぷりっと	スプリット	Tách/ chia	split
すぷりっとこった	スプリットコッタ	Nêm chia	split cotter
すぷりっとぴん	スプリットピン	Ghim tách	split pin
すぷりんぐ	スプリング	lò xo	spring
すぷりんぐてすた	スプリングテスタ	mày kiểm tra lò xo	spring tester
すぷりんぐりーふ	スプリングリーフ	lò xo lá	spring leaf
すぷりんぐわっしゃ	スプリングワッシャ	Long đen vênh	spring washer
すぷれーがん	スプレーガン	Súng phun	spray gun
すぷれーぶーす	スプレーブース	gian hàng thuốc xịt	spray booth

すぷろけっと	スプロケット	Bánh	sprocket
すぺあーぱーつ	スペアーパーツ	Phụ tùng	spare parts
すぺあたいや	スペアタイヤ	lốp dự phòng	spare tire
すぺあぱーつ	スペアパーツ	bộ phận dự phòng	Spare parts
すぺーさ	スペーサ	spacer	spacer
すぺーす	スペース	không gian/ khoảng trống	space
すぺしふぃけーしょん	スペシフィケーション	Lời nói đầu/ sự chỉ rõ	specification
すべすべした	すべすべした	Để được mịn màng/ mượt mà	smooth
すべり	すべり	trượt	slip
すべりおちる	滑り落ちる	Trượt xuống	slide down
すべりじくうけ	すべり軸受	vòng bi trượt	suibel bearing
すべる	滑る	Trượt / Để trượt	slip /slide
すぽいら	スポイラ	Phiên bản khí động học kiểm soát	spoiler
すぽーく	スポーク	nan hoa	spoke
すぽーくほいーる	スポークホイール	bánh ze nan hoa	spoke wheel
すぽーつかー	スポーツカー	Xe thể thao	sport car
すぽーつもでる	スポーツモデル	mô hình thể thao	sport model
すぽっとようせつ	スポット溶接	Hàn điểm	spot welding
すぽんじ	スポンジ	bọt biển	sponge
すみっこ	隅っこ	góc	corner
すみやかに	速やかに	Nhanh chóng	Promptly
すむーず	スムーズ	Trơn tru	Smooth
すもーくめーた	スモークメータ	mét khói	smoke meter
すもーるえんど	スモールエンド	đầu nhỏ	small end
すもーるらいと	スモールライト	Ánh sáng nhỏ	Small light
すもっぐ	スモッグ	Mây mù	smog
すらーろむ	スラローム	Slalom	slalom
すらいでぃんぐぎや	スライダーギヤ	dụng cụ trượt	sliding gear
すらいでぃんぐはんま	スライディングハンマ	búa trượt	sliding hammer
すらいでぃんぐるーふ	スライディングルーフ	mái trượt	sliding roof
すらいどすいっち	スライドスイッチ	công tắc trượt	slide switch
すらいどはんま	スライドハンマー	búa trượt	slide hammer
すらいどれーる	スライドレール	đường sắt trượt	slide rail
ずらす	ずらす	Thay đổi vị trí/ đổi chỗ	Shift
すらすと	スラスト	đẩy	thrust
すらすとべありんぐ	スラストベアリング	Lực đẩy vòng bi	thrust bearing
すらすとわっしゃ	スラストワッシャー	máy giặt đẩy	thrust washer

すらっくあじゃすた	スラックアジャスター	bộ điều chỉnh slack	slack adjuster
すらっじ	スラッジ	bùn	sludge
すらっぷ	スラップ	tát/ cái tát	slap
すらんと	スラント	xiên	slant
すりーうえい	スリーウェイ	ba cách	three way
すりーじょいんとぷろぺらしゃふと	3ジョイントプロペラシャフト	trục chân vịt 3 khớp	three joint propeller shaft
すりーぶ	スリーブ	Tay áo	sleeve
すりーふぇーず	スリーフェーズ	ba pha	three phase
すりーぶばるぶ	スリーブバルブ	van tay áo	sleeve valve
すりーほいーら	スリーホイラー	xe ba bánh	three wheeler
すりきれた	擦り切れた	Đeo ra / mòn / rách nát	tattered
すりっと	スリット	khe hở	slit
すりっぱすかーとぴすとん	スリッパスカートピストン	pít tông dép váy	slipper skirt piston
すりっぷあんぐる	スリップアングル	góc trượt	slip angle
すりっぷいんじけーたらんぷ	スリップインジケータランプ	đèn báo trượt	slip indicator lamp
すりっぷちぇっく	スリップチェック	Phiếu kiểm tra	slip check
すりっぷふぁん	スリップファン	quạt trượt	slip fan
すりっぷりんぐ	スリップリング	vòng trượt	slip ring
すりへった	すり減った	Đeo ra / Mặc	rubbed and decreased / worn
すりへらす	すり減らす	Làm mòn / Mang ra	wear down
すりょく	水力	Năng lượng thủy lực	Hydraulic power
するーぼると	スルーボルト	thông qua bu lông	through bolt
ずるずると	ずるずると	chậm rãi	Sly
するつもり	するつもり	Có ý định	Intend to
するどい	鋭い	nhọn	sharp
ずれ	ずれ	Lỗ hổng	Gap
すれ違い	すれ違い	Chuyền nhau	Passing each other
すれっど	スレッド	Chủ đề	thread
すれる	すれる	Mệt mỏi/ chà	rub
ずれる	ずれる	Trượt	Slip
すろーじぇっと	スロージェット	phản lực chậm	slow jet
すろっと	スロット	khe cắm	slot
すろっとるあじゃすとすくりゅー	スロットルアジャストスクリュー	Vít điều chỉnh van tiết lưu	throttle adjusting screw
すろっとるすいっち	スロットルスイッチ	Công tắc van tiết lưu	throttle switch
すろっとるのずる	スロットルノズル	vòi phun ga/ vòi phun tiết lưu	throttle nozzle
すろっとるばるぶ	スロットルバルブ	Van tiết lưu	throttle valve
すろっとるぽじしょな	スロットルポジショナ	bộ định vị ga	throttle positioner

すろっとるぼじしょんせんさ	スロットルポジションセンサ	Cảm biến vị trí van tiết lưu	throttle position sensor
すろっとるぼでぃーいんじぇくしょん	スロットルボディーインジェクション	Kim phun được gắn vào thân van tiết lưu	throttle body injection
すろっとるぼてんしょめーた	スロットルポテンショメータ	chiết áp tiết lưu	throttle potentiometer
すわーる	スワール	xoáy	swirl
すわーるちゃんば	スワールチャンバ	buồng xoáy	swirl chamber
すわーるりょうほうしき	スワール流方式	loại xoáy	swirl type
すんだ	済んだ	Nó được thực hiện	It is done
すんなり	すんなり	một cách êm ả	Smoothly
すんぼう	寸法	Kích thước	size
ぜい	タックス	Thuế	tax
せいい	誠意	sự chân thành	sincerity
せいか	成果	thành quả	Achievement
せいかく	正確	chính xác	correct
せいかくな	正確な	Chính xác	accurate
せいきゅうしょ	請求書	Hóa đơn	Invoice
せいけつ	清潔	Dọn dẹp/ sạch sẽ	Clean
せいけつな	清潔な	Sạch sẽ / dọn dẹp	clean
せいげん	制限	Giới hạn/ hạn chế	Limit
せいげんは	正弦波	Sóng hình sin	sine wave
せいこう	成功	thành công	success
せいこう	精巧	Kỹ lưỡng	Elaborate
せいさん	生産	sản xuất	production
せいし	静止	Đứng im	Stationary
せいじょう	清浄	tính sạch sẽ	Cleanliness
せいじょう	正常	bình thường	normal
せいじょうさよう	清浄作用	hành động làm sạch	cleaning action
せいじょうせい	清浄性	sạch sẽ	cleanliness
せいず	製図	soạn thảo	drafting
せいすう	正数	số dương	positive numbers
せいすう	整数	số nguyên	integer
せいぜい	精々	Tốt nhất/ tối đa	At best
せいぜんと	整然と	Có trật tự/ trong thứ tự tốt	Orderly
せいそう	清掃	làm sạch	cleaning
せいぞう	製造	Chế tạo	Manufacturing
せいそうねんしょう	成層燃焼	sự đốt cháy phân tầng	stratified charge combustion
せいちょう	成長	tăng trưởng	growth

せいてき	静的	tĩnh	static
せいてつ	製鉄	Luyện thép/ sản xuất sắt	Steelmaking
せいでんき	静電気	Tĩnh điện	static electricity
せいでんとそう	静電塗装	Sơn tĩnh điện	electrostatic painting
せいでんゆうどう	静電誘導	Cảm ứng tĩnh điện	electrostatic induction
せいでんようりょう	静電容量	Điện dung/ dung lượng tĩnh điện	capacitance
せいど	制度	chế độ/ hệ thống	system
せいど	精度	Độ chính xác / sự chính xác	accuracy
せいどう	青銅	đồng	bronze
せいどうき	制動機	phanh	brake
せいどうきょり	制動距離	khoảng cách phanh	braking distance
せいどうせいのうしけん	制動性能試験	kiểm tra hiệu suất phanh	braking performance test
せいどうそうち	制動装置	thiết bị phanh	brake system
せいどうとるく	制動トルク	mô-men xoắn phanh	braking torque
せいどうのうりょく	制動能力	khả năng phanh	braking ability
せいどうばいりょくそうち	制動倍力装置	thiết bị phanh servo	brake-servo system
せいどうばりき	制動馬力	Mã lực phanh	braking horsepower
せいどうりょく	制動力	Lực phanh	braking force
せいとんする	整頓する	Dọn dẹp/ dọn gàng	tidy up
せいのう	性能	Hiệu suất/ tính năng	Performance
せいのうきょくせん	性能曲線	Đường cong hiệu suất	performance curve
せいび	整備	Bảo trì	maintenance
せいびし	整備士	thợ cơ khí	mechanic
せいびする	整備する	Để duy trì / chuẩn bị	prepare
せいびてちょう	整備手帳	Sổ bảo trì	maintenance notebook
せいぶん	成分	thành phần	component
せいほう	製法	Phương pháp sản xuất	Manufacturing method
せいほうけい	正方形	hình vuông	square
せいぼるとねんどけい	セイボルトビスコメータ	Máy nhớt kế Saybolt	saybolt viscometer
せいみつ	精密	Chính xác	precision
せいみつさ	精密さ	độ chính xác	precision
せいり	整理	chỉnh lý	arrangement
せいりつ	成立	Thành lập	Establishment
せいりゅうかいろ	整流回路	Mạch chỉnh lưu	rectifying circuit
せいりゅうき	整流器	máy chỉnh lưu	rectifier
せいりゅうし	整流子	cổ góp	commutator
せいれつ	整列	Sắp xếp/ sự xếp thành hàng	alignment

せーふぃんぐせんさ	セーフィングセンサ	cảm biến an toàn	safing sensor
せーふていしりんだ	セーフティシリンダ	xi lanh an toàn	safety cylinder
せーふていばるぶ	セーフティバルブ	van an toàn	safety valve
せーふていふぁーすと	セーフティファースト	an toàn là trên hết	safety first
せーふていべると	セフティーベルト	dây an toàn	safety belt
せーるすまん	セールスマン	người bán hàng	salesman
せかす	急かす	Vội vàng	Rush
せかんだりせる	セカンダリセル	Pin sạc/ tế bào thứ cấp	secondary cell
せかんだりちゃんば	セカンダリチャンバ	Trung học-side giải nén buồng	secondary chamber
せかんど	セカンド	thứ hai	second
せかんどぎや	セカンドギヤ	bánh răng thứ hai	second gear
せかんどすぴーど	セカンドスピード	tốc độ thứ hai	second speed
せきがいせん	赤外線	hồng ngoại	infrared
せきさいかじゅう	積載荷重	tải trọng tải	loadable load
せきたん	石炭	than đá	coal
せきにん	責任	trách nhiệm	responsibility
せきむ	責務	Nhiệm vụ	Responsibility
せきゆ	石油	dầu	oil
せきょくてき	積極的	tích cực	positive
せくしょん	セクション	phần	section
せくたぎや	セクタギヤ	bánh răng ngành/ bánh răng sector	sector gear
せぐめんと	セグメント	phân đoạn	segment
せじめんと	セジメント	trầm tích	sediment
せたん	セタン	Cetan	Cetane
せだん	セダン	Ô tô có mái che cố định	sedan
せたんか	セタンナンバ	số Cetane	cetane number
ぜつえんたい	絶縁体	Chất cách điện	insulator
ぜつえんていこう	絶縁抵抗	Vật liệu chống điện	Insulation resistance
ぜつえんの	絶縁の	Cách nhiệt / Bị cô lập	insulated
せっかく	せっかく	Đặc biệt/ với rất nhiều cố gắng	Specially
せっきょう	説教	Bài giảng/ thuyết giáo	Sermon
せっきん	接近	Tiếp cận	Approaching
せっけい	設計	thiết kế	design
せっけいず	設計図	Bản vẽ thiết kế	design drawing
せつごうがたとらんじすた	接合型トランジスタ	bóng bán dẫn loại giao lộ	junction transistor
せっしおんど	摂氏温度	Nhiệt độ Celsius	Celsius temperature
せつじつ	切実	Tuyệt vọng	Desperation

せっしょく	接触	tiếp xúc	contact
せっしょくていこう	接触抵抗	Tiếp xúc kháng chiến	contact resistance
せっする	接する	Chạm	Touch
せっせと	せっせと	Mau/ siêng năng	Quickly
せっせんかむ	接線カム	Cam tiếp tuyến	tangential cam
せっせんぶらし	接線ブラシ	Bàn chải tiếp tuyến	tangential brush
せつぞく	接続	Kết nối	Connection
ぜったい	絶対	Chắc chắn rồi	Absolutely
ぜったいあつ	絶対圧	Áp suất đo từ vị trí chân không	absolute pressure
せつだん	切断	Cắt	Cutting
せっちでんきょく	接地電極	điện cực đất	ground electrode
せっちゃくざい	接着剤	kết dính	adhesive
せってい	設定	Cấu hình	Configuration
せっていする	設定する	thiết lập/ đặt	set
せっていんぐ	セッティング	cài đặt	setting
せってん	接点	tiếp điểm	contact
せってんしきせんさ	接点式センサ	cảm biến loại tiếp xúc	contact type sensor
せっと	セット	Đặt / bộ	set
せつび	設置	Cài đặt/ thành lập	Installation
せつび	設備	thiết bị	Facility
せつめい	説明	Giải trình/ giải thích	Explanation
せつやく	節約	Tiết kiệm	Saving
ぜなーだいおーど	ゼナダイオード	đi-ốt zener	zener diode
せぱれーた	セパレータ	máy tách	separator
ぜひ	是非	tôi rất thích	I'd love to
せふてぃーびーくる	セフティーピークル	Xe an toàn	safety vehicle
せぶこうか	SEV効果	Hiệu ứng SEV (Cải thiện các tổn thất khác nhau trong ô tô)	SEV effect
せみおーとまちっく	セミオートマチック	bán tự động	semi automatic
せみこんだくた	セミコンダクタ	chất bán dẫn	semi conductor
せみとれーりんぐがた	セミトレーリングアーム型	Loại cánh tay semi-trailing	Semi trailing arm type
せみふろーてぃんぐあくする	セミフローティングアクスル	trục xe bán nổi	semi floating axle
せみめたたりっくらいにんぐ	セミメタリックライニング	lớp lót bán kim loại	semi metallic linning
せめて	せめて	ít nhất	at least
せらみっく	セラミック	gốm sứ/ gốm	ceramic
せらみっくぐろーぷらぐ	セラミックグローブラグ	cắm phát sáng gốm	ceramic glow plug
せらみっくたーぼちゃーじゃー	セラミックターボチャージャー	Turbo tăng áp gốm	ceramic turbocharger
せる	セル	tế bào	cell

せるふいぐにしょん	セルフイグニション	tự đánh lửa	self-ignition
せるふいんだくしょん	セルフインダクション	tự cảm ứng	self-induction
せるふすたーたー	セルフスターター	Tự khởi động	self starter
せるもーた	セルモータ	Tự khởi động	self motor
せれーしょん	セレーション	răng cưa	serration
せれくとぼたん	セレクトボタン	Nút chọn	select button
せれくとればー	セレクトレバー	chọn đòn bẩy	select lever
せれにうむ	セレニウム	selen	selenium
せれんせいりゅうき	セレンレクチファイア	bộ chỉnh lưu selen	selenium rectifier
ぜろきゃすた	ゼロキャスタ	không caster	zero caster
ぜろきゃんば	ゼロキャンバ	không camber	zero camber
ぜろらっしたぺっと	ゼロラッシタペット	Người theo dõi không có khoảng cách	zero rush tappet
ぜろらっしゅ	ゼロラッシ	Không bị sốc	zero rush
せん	栓	phích cắm/ nút	plug
せん	線	Dòng/ đường/hàng	line
せんい	繊維	chất xơ	fiber
せんいきょうかぷらすちっく	繊維強化プラスチック	Nhựa gia cố sợi	Fibergalss Reinforced Plastic
ぜんいん	全員	Tất cả mọi người	Everyone
ぜんかい	前回	Lần cuối / lần trước	Last time
ぜんかい	全開	Mở hoàn toàn	Fully open
せんかいはんけい	旋回半径	quay trong phạm vi/ bán kính quay vòng	turning radius
せんかんたんらく	線間短絡	ngắn mạch dòng	line short
ぜんご	前後	Trước và sau	Front and back
せんこう	専攻	Chính/ chuyên môn	Major
ぜんこう	全高	chiều cao tổng thể	total height
せんさ	センサ	cảm biến	sensor
せんさい	繊細	mong manh	delicate
せんしゃ	洗車	rửa xe	car wash
ぜんしゃりん	前車輪	bánh trước	front wheels
せんじょう	洗剤	chất tẩy rửa	detergent
せんじょう	洗浄	Rửa	Washing
ぜんしん	前進	tiến tới	Forward
せんたー	センター	trung tâm	center
せんだー	センダー	người gửi	sender
せんだーげーじ	センダーゲージ	thước đo người gửi	sender gauge
ぜんたい	全体	Toàn bộ	The entire
せんたく	選択	Lựa chọn	Choice

せんたくする	選択する	Để chọn / lựa chọn	select
せんたげーじ	センターゲージ	trung tâm đo	center gauge
せんたたいろっど	センタータイロッド	tie rod trung tâm	center tie rod
せんただふろっくきこう	センタデフロック機構	cơ chế khóa vi sai trung tâm	center differential lock mechanism
せんたぱんち	センタパンチ	cú đấm chính diện	center punch
せんたぴぼっとたいぷ	センタピボットタイプ	loại trục trung tâm	center pivot type
せんたぶれーき	センタブレーキ	phanh trung tâm	center brake
せんたべありんぐ	センタベアリング	trung tâm mang	center bearing
せんたぽんち	センタポンチ	cú đấm chính diện	center punch
せんだゆにっと	センダユニット	đơn vị gửi	sender unit
せんたん	先端	tiền boa	tip
せんだん	せん断	cắt	shear
せんたんそくど	先端速度	tốc độ đỉn	tip speed
せんちめーとる	センチメートル	Centimet	Centimeter
ぜんちょう	前兆	Điềm báo	Omen
ぜんちょう	全長	chiều dài đầy đủ	full length
ぜんてい	前提	Tiền đề	Premise
せんとう	先頭	đầu/ tiên phong	lead
せんとらるふゅーえるいんじぇくしょん	セントラルフューエルインジェクション	phun nhiên liệu trung tâm	central fuel injection
せんとりふゅーがるすーぱーちゃーじゃー	セントリフューガルスーパーチャージャー	Bộ siêu tăng áp ly tâm	centrifugal supercharger
ぜんにっぽんじどうしゃりさいくるじぎょうれんごう	全日本自動車リサイクル事業連合	Hiệp hội doanh nghiệp tái chế ô t ô Nhật bản	Japan Automotive Recyclers Association
せんにゅうかん	先入観	Định kiến	Prejudice
せんぱい	先輩	tiền bối	Senior
ぜんはせいりゅう	全波整流	Chỉnh lưu toàn sóng	full-wave rectification
ぜんはん	前半	nửa đầu	first half
ぜんぱん	全般	Chung/ tổng quát	General
ぜんぶ	全部	Tất cả	All
ぜんぷく	全幅	Chiều rộng đầy đủ	overall width
ぜんふどうしき	全浮動式	loại tất cả nổi	all floating type
ぜんめんてき	全面的	Nhìn chung	Overall
せんもん	専門	Chuyên môn	Specialty
せんもんがっこう	専門学校	Trường Cao đẳng nghề/ trường chuyên	Vocational college
せんよう	専用	chuyên dùng/ độc quyền sử dụng	designated
せんりゃう	戦略	chiến lược	strategy
ぜんりょく	全力	sung sức	Full power
ぜんりんくどう	前輪駆動	Bánh trước lái	front wheel drive

せんりんじく	前輪軸	trục chính bánh xe trước	front wheel nackle spindle
せんをする	栓をする	Để cắm/ phích cắm điện	to plug
せんをぬく	栓を抜く	Rút phích cắm	to unplug
そう	沿う	Theo	Follow
そう	層	lớp	layer
そうい	相違	Sự khác biệt/ sự khác nhau	Difference
そういえば	そう言えば	Nếu bạn nói vậy/ về chủ đề đó	If you say so
そうおう	相応	Thích hợp	Appropriate
そうおん	騒音	tiếng ồn	noise
そうおんきせい	騒音規制	điều chỉnh tiếng ồn	noise regulation
そうおんけい	騒音計	máy đo tiếng ồn	noise meter
ぞうか	増加	tăng	increase
そうき	掃気	quét khí xả	scavenging
そうきこう	掃気口	cửa quét khí xả	scavenging port
そうきさよう	掃気作用	hoạt động quét khí xả	scavenging action
そうきぽんぷ	掃気ポンプ	máy bơm quét khí xả	scavenging pump
ぞうきょう	増強	Tăng cường	Augmentation
そうきょうきょり	走行距離	khoảng cách chạy	Mileage
そうきょくせん	双曲線	đường cong hyperbol	hyperbolic curve
そうぐうもーど	走行モード	chế độ lái	driving mode
ぞうげん	増減	Tăng giảm	Increase or decrease
そうご	相互	Tương hỗ/ đối ứng	Mutual
そうごいんだくたんす	相互インダクタンス	cảm ứng tương hỗ	mutual inductance
そうこう	走行	chạy	Running
そうごう	総合	Toàn diện	Comprehensive
そうこうきょりけい	走行距離計	đồng hồ đo đường	odometer
そうこうじく	操向軸	Trục lái	steering axle
そうこうじくかくど	操向軸角度	góc trục lái	steering axis angle
そうこうせいのうせんず	走行性能線図	biểu đồ hiệu suất lái xe	driving performance diagram
そうこうていこう	走行抵抗	chạy kháng	running resistance
そうごゆうどう	相互誘導	cảm ứng tương hỗ	mutual induction
そうごゆうどうさよう	相互誘導作用	hành động cảm ứng tương hỗ	mutual induction effect
そうさ	操作	hoạt động	operation
そうじゅう	操縦	hoạt động	operation
そうしゅつあつりょく	デリバリプレッシャ	áp lực giao hàng	delivery pressure
そうじょうねんしょう	層状燃焼	đốt cháy phân tầng	stratified combustion
そうしん	促進	Khuyến mại	Promotion

そうしんき	送信器	bộ phát tín	transmitter
そうぞう	想像	Trí tưởng tượng	Imagination
そうぞうしい	騒々しい	Ồn ào	Noisy
ぞうそくひ	増速比	tỷ lệ tăng tốc	overdrive ratio
ぞうだい	増大	Tăng	Increase
そうち	装置	bộ máy	apparatus
そうとう	相当	Đáng kể	Considerable
そうはいきりょう	総排気量	lượng khí thải	total displacement
そうび	装備	Trang thiết bị	Equipment
ぞうふくき	増幅器	bộ khuếch đại	amplifier
ぞうふくさよう	増幅作用	hành động khuếch đại	amplifying action
そうようせき	総容積	tổng thể tích	total volume
そーらーかー	ソーラーカー	xe năng lượng mặt trời	solar car
そーらーぱねる	ソーラーパネル	panel năng lượng mặt trời	solar panel
そく	即	ngay lập	Immediately
そくあつ	側圧	áp lực bên	lateral pressure
そくざに	即座に	ngay lập tức	Immediately
ぞくする	属する	Thuộc về/ thuộc vào loại	Belong to
ぞくぞく	続々	Lân lượt từng người một	One after another
そくてい	測定	Đo đạc	Measurement
そくていし	測定子	thăm dò	probe
そくていする	測定する	đo lường / lấy số đo	measure / taking measurement
そくど	速度	tốc độ	speed
そくどえねるぎー	速度エネルギー	năng lượng vận tốc	velocity energy
そくどけい	速度計	công tơ mét	speedometer
そくどひ	速度比	tỷ lệ tốc độ	speed ratio
そくどひょうじそうち	速度表示装置	thiết bị hiển thị tốc độ	speed display
そくめん	側面	bên	side
そくめんかむ	側面カム	cam bên	side cam
そくめんしょうとつせんさ	側面衝突センサ	Cảm biến va chạm mặt bên	side impact sensor
そくようしきばってり	即用式バッテリ	ngay lập tức pin	quick use battery
そくりょく	速力	lực tốc độ	speed
そけっと	ソケット	ổ cắm	socket
そけっとすぱな	ソケットスパナ	Cờ lê ổ cắm	socket spanner
そけっとれんち	ソケットレンチ	Cờ lê ổ cắm	socket wrench
そこ	そこ	Đó	There
そこ	底	đáy	bottom

そこで	そこで	vì thế	Therefore
そこなう	損なう	làm hư hỏng	Spoil
そざい	素材	Vật chất	Material
そしつ	素質	Chất lượng	character / nature
そして	そして	Và	And
そせいへんけい	塑性変形	biến dạng dẻo	plastic deformation
そそかっしい	そそかっしい	hấp tấp, nôn nóng	Irritating
そそぐ	注ぐ	Đổ / đổ nó lên	pour it up
そっくり	そっくり	giống hệt như…	Exactly
そっけない	そっけない	Không thân thiện/ lạnh	Unfriendly
そっちょく	率直	Thật thà	Candid
そっと	そっと	Dịu dàng/ nhẹ nhàng	Gently
そとがわ	外側	ở ngoài	outside
そとがわの	外側の	Bên ngoài / ở ngoài	outside
そとはぎあ	外歯ギヤ	bánh răng bên ngoài	external tooth gear
そなえつける	備え付ける	Trang bị	Equip
そのうえ	その上	hơn thế nữa	Moreover
そのうち	その内	Của đó/ trong thời gian đó	Of that
そのけっか	その結果	kết quả là	as a result
そのため	そのため	vì lý do đó	for that reason
そのため	その他	Khác	Other
そのまま	そのまま	Như nó là	As it is
そば	側	bên/ phía	~ side
そふととっぷ	ソフトトップ	mềm đầu	soft top
そふとにんぐ	ソフトニング	làm mềm	softening
そふとめたる	ソフトメタル	kim loại mềm	soft metal
そらす	反らす	Làm cong/ uốn cong	Warp
そらす	逸らす	trốn/ mất tập trung	Distract
そりっどたいや	ソリッドタイヤ	lốp rắn	solid tire
そりっどでいすく	ソリッドディスク	đĩa cứng	solid disc
そりっどぴすとん	ソリッドピストン	rắn piston	solid piston
そりゅーしょん	ソリューション	giải pháp	solution
そるべんと	ソルベント	Dung môi	solvent
それ	それ	Nó	It
それから	それから	sau đó	then
それぞれ	それぞれ	Mỗi	Each

それで	それで	Vì thế/ và	So
それでは	それでは	Sau đó	Then
それでも	それでも	Vẫn	Still
それと	それと	Với	With that
それとも	それとも	Hoặc là/ hay	Or
それなのに	それなのに	và được nêu ra	Yet
それなら	それなら	trong trường hợp đó	in that case
それに	それに	ngoài ra	in addition
それのいど	ソレノイド	Solenoid	solenoid
それのいどこいる	ソレノイドコイル	cuộn dây điện từ	solenoid coil
それのいどすいっち	ソレノイドスイッチ	công tắc điện từ	solenoid switch
それのいどばるぶ	ソレノイドバルブ	van Solenoid	solenoid valve
それゆえ	それ故	vì thế	Therefore
それる	反れる	Làm cong	Warp
そろえる	揃える	Căn chỉnh/ đồng đều	Align
そろそろ	そろそろ	dần dần	gradually
そんがい	損害	hư hại	damage
そんがいのある	損害のある	Sâu / Hư hỏng	damaged
そんがいほけん	損害保険	bảo hiểm thiệt hại	damage insurance
ぞんざいな	ぞんざいな	cẩu thả/ lỏng chỏng	careless
そんしつ	損失	mất mát	loss
そんしょう	損傷	Thiệt hại	damage
たーにんぐらじあす	ターニングラジアス	bán kính quay	turning radius
たーにんぐらじあすげーじ	ターニングラジアスゲージ	bộ đo bán kính quay	turning radius gauge
たーぴゅらんす	タービュランス	nhiễu loạn	turbulence
たーびん	タービン	tuabin	turbine
たーぴんしゃふと	タービンシャフト	trục tuabin	turbine shaft
たーぴんせんさ	タービンセンサ	cảm biến tuabin	turbine sensor
たーぴんはうじんぐ	タービンハウジング	vỏ tuabin	turbine housing
たーぴんぶれーど	タービンブレード	các cánh tuabin	turbine blade
たーぴんほいーる	タービンホイール	bánh xe tuabin	turbine wheel
たーぴんぽんぷ	タービンポンプ	bơm tuần hoàn	turbin pump
たーぴんらんな	タービンランナ	tuabin runner	turbine runner
たーぷ	テープ	băng dính	tape
たーぼえんじん	ターボエンジン	Động cơ tăng áp	turbo engine
たーぼこんぷれっさ	ターボコンプレッサ	máy nén tăng áp	turbo compressor
たーぼちゃーじゃー	ターボチャージャー	bộ phận nén turbo / bộ tăng áp	turbocharger

たーぼどらいぶ	ターボドライブ	turbo ổ đĩa	turbo drive
たーぼふぁん	ターボファン	Máy thổi ly tâm đa cánh	turbo fan/Centrifugal blower
たーぼぶろう	ターボブロウ	máy quạt tuabin	turbo blow
たーぼらぐ	ターボラグ	Thời gian trễ khi turbo hoạt động	turbo lag
たーみなる	ターミナル	thiết bị đầu cuối	terminal
たーみなるぼるてーじ	ターミナルボルテージ	điện áp đầu cuối	terminal voltage
たーる	タール	tar	tar
たーんしぐなる	ターンシグナル	tín hiệu rẽ	turn signal
たーんばっくる	ターンバックル	vít tăng đơ	turnbuckle
だいあぐのーしす	ダイアグノーシス	chẩn đoán	diagnosis
だいあぐのーしすこねくた	ダイアグノーシスコネクタ	kết nối chẩn đoán	diagnosis connector
だいあぐのーしすこんとろーる	ダイアグノーシスコントロール	kiểm soát chẩn đoán	diagnosis control
だいあぐらむ	ダイアグラム	biểu đồ	diagram
だいあごなるぶらし	ダイアゴナルブラシ	bàn chải chéo	diagonal brush
だいあごなるめんば	ダイアゴナルメンパ	diagonal member	diagonal member
だいあふらむ	ダイヤフラム	màng chắn	diaphragm
だいあふらむすぷりんぐ	ダイアフラムスプリング	lò xo màng	diaphragm spring
だいあふらむぽんぷ	ダイアフラムポンプ	bơm màng	diaphragm pump
だいあもんどつーる	ダイアモンドツール	công cụ kim cương / dao tiện kim cương	diamond tool
だいあもんどどれっさ	ダイアモンドドレッサ	dao tiện kim cương	damond dresser
だいあるげーじ	ダイアルゲージ	Quay số đo	dial gauge
だいいちかくほう	第一角法	phương pháp góc đầu tiên	first angle method
だいいちじくきょ	第一軸距	Khoảng cách giữa hai trục bánh xe đầu tiên	first axis distance
たいおう	対応	Thư từ	Correspondence
たいおう	対策	biện pháp/ đối sách	Measures
だいおーど	ダイオード	đi-ốt	diode
たいがい	大概	Hầu hết/ sự bao quát	Mostly
だいがえふろん	代替フロン	fleon thay đổi nhau	altenative fleon
たいかくせん	対角線	đường chéo	diagonal
たいかくの	対角の	chéo	diagonal
たいき	大気	không khí	atmosphere
たいきあつ	大気圧	áp suất không khí	atmospheric pressure
たいきおせん	大気汚染	Ô nhiễm không khí	air pollution
たいきおせんぶっしつ	大気汚染物質	chất gây ô nhiễm không khí	air pollutant
たいきおせんぼうしほう	大気汚染防止法	luật kiểm soát ô nhiễm không khí	air pollution control law
だいきゃすと	ダイキャスト	được đúc khuôn	die cast

だいきゃすとごうきん	ダイキャスト合金	hợp kim đúc	die cast alloy
たいこうがた	対向型	loại đối lập	opposed type
たいこうぴすとんがた	対向ピストン型	loại piston đối diện	opposed piston type
だいさんかくほう	第三角法	phương pháp góc ba	third angle method
たいした	大した	Thỏa thuận lớn	Big deal
たいしょ	対処	Đương đầu/ sự đối xử	Coping
だいしょう	大小	Lớn và nhỏ	Big and small
だいじょうしけん	台上試験	thí nghiệm trên bệ	bench test
たいしょくせい	耐食性	chống ăn mòn	corrosion resistance
たいしんりっぽうこうし	体心立方格子	cơ thể trung tâm mạng tinh thể	body-centered cubic lattice
だいす	ダイス	khuôn mẫu	dies
たいせき	体積	âm lượng/ thể tích	volume
たいせきこうりつ	体積効率	hiệu suất thể tích	volume efficiency
だいたい	大体	Đại khái	Roughly
だいたいふろん	代替フロン	fleon thay đổi nhau	altranative freon
だいたんぶ	大端部	kết thúc lớn	big end
たいてい	大抵	thông thường	usually
たいでん	帯電	điện khí hóa	electric charging
だいなみっくだんぱ	ダイナミックダンパ	van điều tiết động	dynamic damper
だいなみっくてすと	ダイナミックテスト	thử nghiệm năng động	dynamic test
だいなみっくほいーるばらんす	ダイナミックホイールバランス	Cân bằng động bánh xe	dynamic wheel demonstrator
だいなも	ダイナモ	Máy phát điện	dynamo
だいなもめーた	ダイナモメータ	Lực kế	dynamometer
たいねつこう	耐熱鋼	thép chịu nhiệt / thép bền nhiệt	heat resistant steel
たいねつせい	耐熱性	tính chịu nhiệt / độ bền nhiệt	heat resistance
たいはん	大半	Phần lớn	Most
たいひ	対比	Tương phản/ Sự so sánh	Contrast
たいぴっちとそう	耐ピッチ塗装	sơn kháng pitch	pitch resisting paint
たいひろうせい	耐疲労性	độ bền mỏi	fatigue resistance
だいぶ	大分	nhiều/ khá	very / much / quite
たいふぇーど	耐フェード	Mờ dần sức đề kháng	fade resistance
たいふしょくせい	耐腐食性	khá năng chống ăn mòn	corrosion resistance
たいまー	タイマー	hẹn giờ	timer
たいまーこんとろーるゆにっと	タイマコントロールユニット	Bộ đếm thời gian đơn vị kiểm soát	timer control unit
たいまーすぷりんぐ	タイマスプリング	lò xo hẹn giờ	timer spring
たいまもうせい	耐摩耗性	tính chịu mài mòn	abrasion resistance
たいみんぐぎや	タイミングギヤ	bánh răng điều phối	timing gear

たいみんぐちぇーん	タイミングチェーン	Chuỗi phù hợp với thời gian của động cơ	timing chain
たいみんぐちぇんてんしょなー	タイミングチェーンテンショナー	Các bộ phận kéo căng xích để phù hợp với thời gian của động cơ	timing chain tensioner
たいみんぐべると	タイミングベルト	Vành đai thời gian	timing belt
たいみんぐまーく	タイミングマーク	dấu thời gian	timing mark
たいみんぐらいと	タイミングライト	Đèn để điều chỉnh thời điểm đánh lửa động cơ	timing light
たいむてーぶる	タイムテーブル	biểu thời gian	time table
たいむらぐ	タイムラグ	độ trễ thời gian	time lag
たいむらぐてすと	タイムラグテスト	kiểm tra thời gian-tụt hậu / kiểm tra độ trễ thời gian	time lag test
たいや	タイヤ	Lốp xe	tire, tyre
だいやげーじ	タイヤゲージ	lốp đo	tire gauge
たいやさいず	タイヤサイズ	kích thước lốp	tire size
たいやちぇーん	タイヤチェーン	chuỗi lốp	tire chain
たいやちぇんじゃー	タイヤチェンジャー	thiết bị lắp ráp lốp	tire changer
たいやちゅーぶ	タイヤチューブ	ống lốp	tire tube
たいやとれっど	タイヤトレッド	hoa văn lốp xe	tire tread
たいやのすりっぷりつ	タイヤのスリップ率	tỷ lệ lốp trượt	tire slip ratio
たいやのふれ	タイヤの振れ	lốp runout	tire runout
たいやのよび	タイヤの呼び	cuộc gọi lốp	tire call
たいやばんど	タイヤバンド	lốp ban nhạc	tire band
たいやびーど	タイヤビード	Vị trí của một bó dây thép để cố định lốp vào bánh xe	tire bead
たいやぷれっしゃ	タイヤプレッシャ	áp suất lốp	tire pressure
たいやぷれっしゃげーじ	タイヤプレッシャゲージ	đo áp suất lốp	tire pressure · gauge
だいやる	ダイヤル	Quay số	Dial
だいやるいんじけーた	ダイヤルインジケータ	chỉ số quay số	dial indicator
だいやるげーじ	ダイヤルゲージ	thước đo quay số / quay số đo	dial gauge
だいよう	代用	sự thay thế	Substitute
たいようえねるぎー	太陽エネルギー	năng lượng mặt trời	solar energy
たいようじゅみょう	耐用寿命	tuổi thọ máy móc	service life
たいようはぐるま	太陽歯車	Bánh răng mặt trời	sun gear
たいらな	平らな	Bằng phẳng	Flat
たいらにする	平らにする	làm phẳng	make it flat
だいりゅーしょん	ダイリューション	pha loãng	dilution
たいりょう	大量	Số lượng lớn	Large amount
だいれくといぐにっしょん	ダイレクトイグニッション	đánh lửa trực tiếp	Direct ignition
だいれくといんじぇくしょん	ダイレクトインジェクション	phun trực tiếp	direct Injection
だいれくとかれんと	ダイレクトカレント	dòng điện một chiều	direct current

だいれくとどらいぶ	ダイレクトドライブ	điều khiển trực tiếp/ truyền động trực tiếp	direct drive
たいろっど	タイロッド	Thanh kết nối cho tay lái	tie rod
たいろっどえんど	タイロッドエンド	Nó là đầu của thanh nối lái	Tie-rod end
だいん	ダイン	dyne	dyne
だうんふぉーす	ダウンフォース	lực hướng xuống	down force
たえず	絶えず	liên tục	constantly
たえる	耐える	Chịu đựng	Endure
だえん	楕円	hình elip/ hình bầu dục	ellipse
だえんぴすとん	楕円ピストン	pittông hình elip	elliptical piston
だが	だが	Nhưng	But
だかく	舵角	góc lái	steering angle
だかくせんさ	舵角センサ	cảm biến góc độ tay lái	steering angle sensor
たかさ	高さ	chiều cao / độ cao	height
たがね	たがね	Đục bê tông / đục thép	chisel
たかまる	高まる	Tăng	Increase
だから	だから	vì lý do này / vì thếvì thế	So / for this reason
たきとうきかん	多気筒機関	động cơ nhiều xi-lanh	multi-cylinder engine
たきゅうがたねんしょうしつ	多球型燃焼室	buồng đốt đa hình cầu	multi-spherical type combustion chamber
だきょう	妥協	thỏa hiệp	compromise
たくしめーた	タクシメータ	đồng hồ xe taxi	taxi meter
たくじょうぼーるばん	卓上ボール盤	băng ghế dự bị máy khoan/ máy khoan để bàn	bench drilling machine
だくと	ダクト	ống dẫn	duct
たくみ	巧み	Khéo léo	Skillful
たくわえる	蓄える	tích trữ	store
たこうのずる	多孔ノズル	vòi phun nhiều lỗ	multi-hole nozzle
たこぐらふ	タコグラフ	tachograph	tachograph
たこめーた	タコメータ	máy đo tốc độ / tốc độ kế	tachometer
たしかめる	確かめる	xác định / xác nhận	confirm
たしざん	足し算	Bổ sung / thêm vào	addition
たじゅうつうしん	多重通信	truyền thông đa kênh	multiplex communication
たしゅたよう	多種多様	sự đa dạng của	a diversity of
たしゅねんりょうきかん	多種燃料機関	Động cơ có thể sử dụng nhiều loại nhiên liệu khác nhau	multiple fuel engine
だしゅぱねる	ダッシュパネル	bảng dấu gạch ngang	dash panel
たしょう	多少	Phần nào đó	Somewhat
たしりんだ	多シリンダ	nhiều xi-lanh	multi-cylinder
だすと	ダスト	bụi bặm	dust
だすとぶーつ	ダストブーツ	khởi động bụi	dust boot

たたきだす	叩き出す	Để hạ gục / Đá ra	to knock out
たたく	たたく	Vỗ tay / Tát	clap / Slap
ただしい	正しい	Đúng / chính xác	correct
ただちに	ただちに	ngay lập tức	immediately
たちまち	たちまち	trong chớp mắt	in an instant
たつ	経つ	đã qua/ trải qua	Pass
たつ	断つ	cắt	cut off
だっしゅぼーど	ダッシュボード	bảng gạch ngang/bảng điều khiển	dash board
たっする	達する	Chạm tới/ đạt tới	Reach
たっちあっぷ	タッチアップ	sửa sang/ sơn sửa	touch up
だっちゃくできる	脱着できる	Có thể tách ra	Can be detached
たっぴんぐびす	タッピングビス	Vít tự khai thác/đinh ốc tự khóa	self tapping screw
たっぷ	タップ	vòi / Công cụ để luồng	tap
たっぷはんどる	タップハンドル	tay quay tarô	tap handle
たっぷほるだ	タップホルダ	Nơi giữ dụng cụ cắt vít	tap holder
たっぷり	たっぷり	nhiều	plenty
たてつけ	建付け	xây dựng	construction
たてゆれ	縦揺れ	lắc dọc	pitching
だとう	妥当	Hợp lý	Reasonable
たとえ	たとえ	ví dụ	for example
たとえば	例えば	Ví dụ	For example
たとえる	例える	đối chiếu	compare
たどる	たどる	Dấu vết/ theo dấu	Trace
たのもしい	頼もしい	đáng tin cậy	reliable
たばねる	束ねる	Bó lại	Bundling
たばるぶがたねんしょうしつ	多バルブ型燃焼室	Buồng đốt loại nhiều van	multi-valve type combusion cahmber
たばんくらっち	多板クラッチ	bộ ly kết nhiều đĩa	multiple disc clutch
たびたび	たびたび	Thường xuyên	Often
だぶるいぐにしょん	ダブルイグニション	đánh lửa đôi	double Ignition
だぶるういしょぼーん	ダブルウィッシュボーン	hệ thống treo tay đòn kép	double wishbone
だぶるおーばーへっどかむしゃふと	ダブルオーバーヘッドカムシャフトエンジン	hai trục cam trên nắp máy	double overhead camshaft
だぶるおふせっとがたとうそくじょいんと	ダブルオフセット型等速ジョイント	khớp nối đồng tốc loại bù đôi	double offset type CV joint
だぶるかるだんがたとうそくじょいんと	ダブルカルダン型等速ジョイント	khớp nối đồng tốc loại đôi cardan	double cardon type CV joint
だぶるたいや	ダブルタイヤ	lốp đôi	double tire
だぶるふぃらめんとばるぶ	ダブルフィラメントバルブ	Đôi dây tóc bóng đèn / bóng đèn 2 tim	double ferament bulb
だぶるろーらーちぇーん	ダブルローラチェーン	xích con lăn kép	double roller chain

たべっと	タペット	nâng van	tappet
たべっとあじゃすていんぐすくりゅ	タペットアジャスティングスクリュ	ốc chỉnh xú páp / Vít điều chỉnh cho các bộ phận trượt	tappet adjusting screw
たべっとかばー	タペットカバー	Nắp cho các bộ phận trượt	tappet cover
たべっとくりあらんす	タペットクリアランス	Khoảng cách của các bộ phận trượt	tappet clearance
たべっとすぱな	タペットスパナ	cờ lê tappet	tappet spanner
たべっとれんち	タペットレンチ	cờ lê tappet	tappet wrench
たべっとろーら	タペットローラ	con lăn tappet	tappet roller
たぼう	多忙	Bận	Busy
たまじくうけ	玉軸受	vòng bi	ball bearing
たまたま	たまたま	Tình cờ	By chance
たまつぎて	玉継手	khớp nối bóng	ball joint
たまに	たまに	Đôi khi	Sometimes
だみー	ダミー	giả	dummy
ためす	試す	thử	try
ためらう	ためらう	Do dự	Hesitate
たもつ	保つ	giữ	keep
たやすい	たやすい	Dễ dàng	Easy
たような	多様な	Đa dạng	Various
たりない	足りない	không đủ	not enough
たれいじ	他励磁	kích thích độc lập	separated excitation
たれいじはつでんき	他励磁発電機	Máy phát điện kích thích độc lập	separated excitation generator
たれる	垂れる	Cụp/ chảy nhỏ giọt/ võng xuống	Hang down
たわみつぎて	たわみ継手	Khớp nối linh hoạt	Flexble joint
だん	段	sân khấu/ bước	stage
たんい	単位	đơn vị	unit
たんいつ	単一	Độc thân	single
たんかした	炭化した	được cacbon hóa	Carbonized
たんかすいそ	炭化水素	hydrocacbon	hydrocarbon
たんぐすてん	タングステン	vonfram	turngsten
たんぐすてんこう	タングステン鋼	thép vonfram	tungsten steel
たんぐすてんふぃらめんと	タングステンフィラメント	dây tóc vonfram	tungsten filament
たんくろーり	タンクローリ	xe bồn	tank lorry
たんさんがす	炭酸ガス	Carbon dioxide / khí axid cacbonic	carbonic acid gas
たんし	端子	thiết bị đầu cuối	terminal
たんじぇんと	タンジェント	tiếp tuyến	tangent
たんしでんあつ	端子電圧	điện áp đầu cuối	terminal voltage
たんしゅく	短縮	Sự làm ngắn lại	Shortening

たんじゅん	単純	Đơn giản	Simple
たんしょうこいる	探傷コイル	cuộn dây phát hiện lỗ hổng	flaw detection coil
たんすう	単数	Số ít/ số đơn	Singular
だんせいげんど	弾性限度	giới hạn đàn hồi	elastic limit
だんせいしんどう	弾性振動	độ rung đàn hồi	elastic vibration
だんせいひすてりしす	弾性ヒステリシス	độ trễ đàn hồi	elastic hysteresis
だんせいへんけい	弾性変形	biến dạng đàn hồi	elastic deformation
たんせってんでんきゅう	単接点電球	bóng đèn tiếp xúc đơn	Single contact bulb
だんぜん	断然	Chắc chắn	Definitely
たんそ	炭素	carbon	carbon
たんぞう	鍛造	rèn	forging
たんそうこうりゅう	単相交流	một pha AC	single phase AC
だんぞくき	断続器	bộ ngắt điện(động cơ)	contact braker
たんそこう	炭素鋼	Thép carbon	Carbon steel
たんそせんい	炭素繊維	Sợi carbon	Carbon fiber
たんたいこうぞう	単体構造	cấu trúc đơn vị	unit structure
だんだん	段々	Dần dần	Gradually
たんでむぴすとん	タンデムピストン	pittông song song / pittông tiếp độ i	tandem piston
たんでむますたしりんだ	タンデムマスタシリンダ	xi lanh chủ tandem	tandem master cylinder
たんでむますたしりんだ	デュアルマスタシリンダ	xi lanh chủ kép	dual master cylinder
たんなる	単なる	chỉ là	mere
たんに	単に	đơn giản	simply
だんねつあっしゅく	断熱圧縮	nén đoạn nhiệt	adiabatic compression
だんねつへんか	断熱変化	thay đổi đoạn nhiệt	adiabatic change
だんぱー	ダンパー	Van điều tiết	damper
だんぱーすぷりんぐ	ダンパスプリング	lò xo giảm chấn	damper spring
たんぱんくらっちしき	単板クラッチ式	loại ly hợp một đĩa	single plate clutch type
だんぴんぐおいる	ダンピングオイル	dầu dumping	dumping oil
だんぴんぐていこう	ダンピング抵抗	sức chống rung	damping resistance
だんぴんぐふぉーす	ダンピングフォース	lực lượng dumping	dumping Force
だんぷかー	ダンプカー	xe tải tự đổ / xe lật	dump truck
たんぷらすいっち	タンプラスイッチ	công tắc lật / công tắc bật	tumbler switch
だんぶるりゅうほうしき	タンブル流方式	Hệ thống xoáy dọc	tumble flow system
だんめんにじもーめんと	断面2次モーメント	Một giá trị được xác định bởi hình dạng và kích thước của diện tích mặt cắt ngang của thép	secondary moment of area
たんらく	短絡	ngắn mạch	short circuit
だんりょく	弾力	độ đàn hồi	elasticity

だんろっぷ	ダンロップ	Dunlop	Dunlop
ちーむわーく	チームワーク	Làm việc theo nhóm	Teamwork
ちぇーん	チェーン	chuỗi	chain
ちぇーんすぷろけっと	チェーンスプロケット	xích chuỗi / bánh xích	chain sprocket
ちぇーんてんしょな	チェーンテンショナ	chuỗi căng thẳng / thiết bị keo căng xích	chain tensioner
ちぇーんどらいぶ	チェーンドライブ	truyền động xích	chain drive
ちぇーんぱいぷれんち	チェーンパイプレンチ	cái mở ống bằng xích / chìa vặn ống xích	chain pipe wrench
ちぇーんぶろっく	チェーンブロック	chuỗi khối / hệ ròng rọc	chain block
ちぇーんほいすと	チェーンホイスト	Palăng xích	chain hoist
ちぇーんまきあげき	チェーン巻き上げ機	máy palăng xích	chain hoist machine
ちぇっかふらっぐ	チェッカフラッグ	cờ kiểm tra	checker flag
ちぇっく	チェック	kiểm tra	check
ちぇっくする	チェックする	để kiểm tra	to check
ちぇっくばるぶ	チェックバルブ	kiểm tra van	check valve
ちぇんじ	チェンジ	thay đổi	change
ちぇんじればー	チェンジレバー	thay đổi đòn bẩy	change lever
ちかく	遅角	góc chậm phát triển	retarded angleg
ちかじか	近々	sự gần kề	soon
ちかずく	近付ける	mang lại gần/ đem tới gần hơn	Bring closer
ちから	力	Sức mạnh / Quyền lực	power
ちきゅうおんだんか	地球温暖化	sự ấm lên toàn cầu	global warming
ちぎる	ちぎる	Xé nhỏ	Tear off
ちくせき	蓄積	Tích lũy	Accumulation
ちくでんち	蓄電池	pin lưu trữ	storage battery
ちじょうだか	地上高	chiều cao mặt đất	ground height
ちぢまる	縮まる	Co lại	Shrink
ちっか	窒化	nitrit	nitride
ちっかけいそ	窒化珪素	silicon nitride	silicon nitride
ちっかこう	窒化鋼	thép thấm nitơ	nitriding steel
ちっかしょり	窒化処理	xử lý thấm nitơ	nitriding treatment
ちっかほう	窒化法	phương pháp thấm nitơ	nitriding method
ちっそ	窒素	Nitơ	Nitrogen
ちっそがす	窒素ガス	Khí nitơ	Nitrogen gas
ちっそさんかぶつ	窒素酸化物	nitơ ô-xít	Nitrogen Oxides
ちっとも	ちっとも	một chút gì	At least
ちっぷ	チップ	tiền boa / đầu bịt	tip
ちてん	地点	điểm	point

ちゃーじ	チャージ	sạc điện	charge
ちゃーじうぉーにんぐらんぷ	チャージウォーニングランプ	đèn báo hiệu nạp điện	charge warning lamp
ちゃーじばるぶ	チャージバルブ	Điền Van	charge valve
ちゃーじゃー	チャージャー	bộ nạp	Charger
ちゃーじらいと	チャージライト	sạc ánh sáng	charge light
ちゃーじんぐ	チャージング	đang sạc	charging
ちゃーたー	チャーター	điều lệ	charter
ちゃいるどしーと	チャイルドシート	ghế trẻ em	child seat
ちゃくしょく	着色	Tô màu	Coloring
ちゃくしょくがらす	着色ガラス	kính màu	colored glass
ちゃくちゃくと	着々と	dần dần/ đều đều	steadily
ちゃくもく	着目	Tiêu điểm	Focus
ちゃこーるきゃにすたー	チャコールキャニスター	Bộ lọc than hoạt tính	Charcoal canister
ちゃたりんぐ	チャタリング	làm rung lạch cạch	chattering
ちゃっか	着火	đánh lửa	ignition
ちゃっかおくれきかん	着火遅れ期間	thời gian trễ đánh lửa	ignition delay period
ちゃっかおんど	着火温度	nhiệt độ bắt lửa	ignition temperature
ちゃっかてん	着火点	điểm đánh lửa	ignition point
ちゃっかほうしき	着火方式	Phương pháp đánh lửa	Ignition method
ちゃっく	チャック	mâm cặp	chuck
ちゃっくはんどる	チャックハンドル	chuck xử lý	chuck handle
ちゃんと	ちゃんと	Đúng/ ngăn nắp	Properly
ちゃんねる	チャンネル	kênh	channel
ちゃんねるせくしょん	チャンネルセクション	phần kênh	channel section
ちゃんば	チャンバ	buồng	chamber
ちゅうおうしょりそうち	中央処理装置	Bộ phận xử lý trung tâm	Central Processing Unit
ちゅうかん	中間	Ở giữa	Middle
ちゅうかんまく	中間膜	lớp xen kẽ	interlayer
ちゅうかんんお	中間の	Trung cấp / ở giữa	intermediate
ちゅうくうじく	中空軸	trục rỗng	hollow shaft
ちゅうこ	中古	kim giây	second hand
ちゅうこう	鋳鋼	thép đúc	cast steel
ちゅうこしゃ	中古車	Xe ô tô cũ	secondhand car
ちゅうこぶひん	中古部品	phần cữ	second hand parts
ちゅうし	中止	Huỷ bỏ	Cancellation
ちゅうしゃじょう	駐車場	Bãi đậu xe	Parking Lot
ちゅうしゃとう	駐車灯	đèn đỗ xe	parking light

43

ちゅうしん	中心	trung tâm	center
ちゅうしんじく	中心軸	trục trung tâm	central axis
ちゅうしんせん	中心線	đường trung tâm	center line
ちゅうしんでんきょく	中心電極	điện cực trung tâm	center electrode
ちゅうすう	中枢	trung khu	Central
ちゅうせい	中性	Trung tính	neutral
ちゅうせいてん	中性点	điểm không/ điểm trung hòa	neutral poin
ちゅうぞう	鋳造	Đúc	Casting
ちゅうそく	中速	tốc độ trung bình	medium speed
ちゅうだん	中断	Gián đoạn	Interruption
ちゅうてつ	鋳鉄	gang thép	cast iron
ちゅうとはんぱ	中途半端	chưa hoàn thiện	Incomplete
ちゅーにんぐ	チューニング	Điều chỉnh	tuning
ちゅーぶ	チューブ	ống	tube
ちゅーぶふれーむ	チューブフレーム	khung ống	tube frame
ちゅーぶら	チューブラ	hình ống	tubular
ちゅーぶらーふれーむ	チューブラーフレーム	khung hình ống	tubular frame
ちゅーぶらーらじえーた	チューブラーラジエータ	bộ tản nhiệt kiểu ống	tubular radiator
ちゅーぶれすたいや	チューブレスタイヤ	lốp liền săm / lốp không ruột	tubeless tire
ちゅうりつ	中立	Trung tính	neutral
ちゅうりつせん	中立線	đường trung tính	neutral line
ちゅうりつめん	中立面	mặt phẳng trung hòa	neutral plane
ちゅうわ	中和	Trung hòa	Neutralization
ちゅーんあっぷ	チューンアップ	Điều chỉnh /hiệu chỉnh máy	Tune-up
ちょうおんき	聴音器	ống nghe	sound scope
ちょうおんぱ	超音波	sóng siêu âm	ultrasonic wave
ちょうおんぱせんさ	超音波センサ	thiết bị cảm biến sóng siêu âm	ultrasonic sensor
ちょうおんぱたんしょうき	超音波探傷機	bộ dò khuyết tật siêu âm	ultrasonic flaw detector
ちょうおんぱたんしょうほう	超音波探傷法	phương pháp kiểm tra siêu âm	ultrasonic inspection method
ちょうおんぱはっしんき	超音波発信器	máy phát siêu âm	ultrasonic transmitter
ちょうか	超過	Dư thừa/ vượt quá	Excess
ちょうきゅうそくはつねつがたぐろ ぶらぐ	超急速発熱型グローブラグ	bugi sấy nóng loại cực siêu nhanh	Ultra-quick type glaw plug
ちょうし	調子	Tình trạng	Condition
ちょうしんき	聴診器	ống nghe	stethoscope
ちょうせい	調整	Điều chỉnh	adjustment
ちょうせいき	調整器	bộ điều chỉnh	regulator
ちょうせいする	調整する	điều chỉnh / Để điều chỉnh	adjust

ちょうせつ	調節	Điều chỉnh	Adjustment
ちょうそくき	調速機	bộ điều tốc	governor
ちょうたん	長短	Dài và ngắn	Long and short
ちょうつがい	ちょうつがい	Bản lề	hinge
ちょうていこうがいしゃ	超低公害車	xe ô nhiễm siêu thấp	Utra Low Emissin Vehicle
ちょうてん	頂点	đỉnh	vertex
ちょうど	ちょう度	độ chặt/ độ đặc	consistency
ちょうど	丁度	chính xác	exactly
ちょうふく	重複	gấp đôi/ sự nhân bản	Duplication
ちょうほう	重宝	Hữu ích/ sự tiện lợi	Useful
ちょうほうけい	長方形	Hình chữ nhật	Rectangle
ちょーきんぐ	チョーキング	bít/ sự cản	choking
ちょーく	チョーク	nghẹt thở	choke
ちょーくきこう	チョーク機構	cơ chế choke	choke mechanism
ちょーくばるぶ	チョークバルブ	van gió	choke valve
ちょくご	直後	Ngay sau khi	Right after
ちょくじゃく	直尺	thang đo thẳng	straight scale
ちょくじょうぎ	直定規	thước thẳng	straight ruler
ちょくせつ	直接	Trực tiếp	Directly
ちょくせつねんしょうきかん	直接燃焼期間	thời gian đốt trực tiếp	direct burning period
ちょくせつふんしゃほうしき	直接噴射方式	phương pháp phun trực tiếp	direct injection method
ちょくせつほう	直接法	phương pháp trực tiếp	direct method
ちょくせん	直線	Đường thẳng	straght line
ちょくぜん	直前	Ngay trước đó	Immediately before
ちょくちょく	ちょくちょく	thường xuyên	often
ちょくどうカム	直動カム	cam diễn xuất trực tiếp	direct acting cam
ちょくふんしき	直噴式	loại phun trực tiếp	direct injection type
ちょくまきでんどうき	直巻電動機	động cơ quanh co trực tiếp	direct winding motor
ちょくりゅう	直流	dòng điện một chiều	direct current
ちょくりゅうはつでんき	直流発電機	Máy phát điện DC	DC generator
ちょくれつ	直列	nối tiếp	in series
ちょくれつえんじん	直列エンジン	động cơ có xi lanh bố trí thẳng hàng	in-line engine
ちょくれつかいろ	直列回路	mạch nối tiếp	series circuit
ちょくれつコイル	直列コイル	cuộn dây nối tiếp	series coil
ちょくれつせつぞく	直列接続	loạt nối tiếp	series connection
ちょぞう	貯蔵	lưu trữ/ dự trữ	storage
ちょっかく	直角	Góc phải	right angle

ちょっけい	直径	đường kính	diameter
ちょっけつでんどう	直結伝動	truyền động trực tiếp	direct drive transmission
ちょっと	ちょっと	Một chút	A little
ちょっぱー	チョッパー	chopper	chopper
ちょっぱーもーたー	チョッパーモーター	chopper động cơ điện	chopper motor
ちらー	チラー	máy làm lạnh	chiller
ちらかす	散らかす	Tiêu tan/ làm vương vãi	Scatter
ちらばる	散らばる	Rải rác	Scattered
ちりよけ	塵除け	Phủi bụi	dust removal
ちるいもの	チル鋳物	sự đúc lạnh	chill casting
ちるか	チル化	làm lạnh	chilling
ちるとすてありんぐ	チルトステアリング	tay lái điều chỉnh độ nghiêng	tilt steering
ちるとはんどる	チルトハンドル	tay cầm nghiêng / tay lái điều chỉnh độ nghiêng	tilt handle
ちんすぽいらー	チンスポイラー	Spoiler trên cằm	chin spoiler
ちんでん	沈殿	Lượng mưa/ sự kết tủa	Precipitation
ちんでんぶつ	沈殿物	trầm tích	sediment
つあらー	ツアラー	người lưu diễn	tourer
ついか	追加	thêm vào	add to
ついきゅう	追求	Theo đuổi	Pursuit
ついじゅうがた	追従型	loại theo dõi	following type
ついすとぺあ	ツイストペア	cặp xoắn	twist pair
ついでに	ついでに	Tình cờ/ nhân tiện	Incidentally
ついんたーぼ	ツインターボ	turbo kép	twin turbo
つうきこう	通気孔	lỗ thông gió	ventilation hole
つーさいくる	ツーサイクル	hai chu kỳ	two cycle
つーさいくるえんじん	ツーサイクルエンジン	động cơ hai thì	two cycle engine
つーしーた	ツーシータ	hai chỗ ngồi	two-seater
つうじょう	通常	Bình thường	Normal
つーしりんだ	ツーシリンダ	hai xi lanh	two cylinder
つうじる	通じる	dẫn đến/ hiểu rõ	Communicate
つうしん	通信	giao tiếp	communication
つうしんしんごう	通信信号	Tín hiệu truyền thông	correspondence signal
つーす	ツース	răng	tooth
つーすてーじこんぷれっさ	ツーステージコンプレッサ	máy nén hai giai đoạn / máy nén hai thằng	two stage compressor
つーすとろーくえんじん	ツーストロークエンジン	động cơ hai thì	two stroke engine
つうせつ	痛切	Đau đớn	Painfully
つーとんからー	ツートンカラー	hai tông màu	two tone color

つーぴーすほいーる	ツーピースホイール	bánh xe 2 mảnh	Two piece wheel
つーぽいんとがたたーみなる	ツーポイント型ターミナル	thiết bị đầu cuối loại hai điểm	Two point type terminal
つうよう	通用	thông dụng/ sự được áp dụng	General purpose
つーりーでぃんぐしゅーしき	ツーリーディングシュー式	Đây là một cách tốt để làm việc với cả hai lót phanh.	Two leading shoe type
つーる	ツール	dụng cụ	tool
つーるきっと	ツールキット	Bộ công cụ	Tool kit
つーるぼっくす	ツールボックス	Hộp công cụ	Tool box
つぇなだいおーど	ツェナダイオード	Diode Zener	Zener diode
つか	柄	Xử lý	Handle
つかむ	掴む	Lấy / vồ lấy	grab
つかれげんかい	疲れ限界	Giới hạn mỏi	Fatigue limit
つかれしけん	疲れ試験	Kiểm tra độ mỏi	Fatigue test
つきあたる	突き当たる	đâm vào	bump into
つきあわせようせつ	突き合わせ溶接	Hàn giáp mối	Butt welding
つぎつぎ	次々	Từng cái một	One by one
つぎめ	継目	Đường may	Seam
つく	点く	Bật	Turn on
つぐ	注ぐ	đổ nó lên/ rót	pour it up
つくづく	つくづく	Nếu bạn suy nghĩ cẩn thận/ sâu sắc	keenly
つけくわえる	付け加える	thêm vào	add
つける	点ける	Bật	Turn on
つごう	都合	Tiện	Convenience
つじつまがあう	つじつまがあう	Khớp nhau/ hợp nhau	Match each other
つつ	筒	Hình trụ	Cylinder
つつむ	包む	Bọc lại	Wrap
つながり	つながり	kết nối	connection
つなぐ	つなぐ	Để kết nối / kết nối	connect
つねに	常に	luôn luôn	always
つば	鍔	vành	brim
つぶ	粒	hạt/ hột	grain
つまずく	つまずく	Tình cờ gặp/ vấp	Stumble
つまった	詰まった	Bị tắc	Clogged
つまむ	つまむ	véo/ kẹp/ nắm	Pinch
つまり	つまり	tóm lại/ tức là	That is
つめたい	冷たい	lạnh	cold
つめる	詰める	đóng gói	pack
つよまる	強まる	Tăng cường/ khỏe lên	Strengthen

つりあいおもり	釣合い重り	Trọng lượng để giữ thăng bằng	Counterweight
つるまきばね	蔓巻きばね	Lò xo xoắn ốc	Coil spring
ていあつ	低圧	Áp suất thấp	Low pressure
ていあつさいくる	低圧サイクル	Chu kỳ áp suất thấp	Low pressure cycle
ていあつねんしょうきかん	定圧燃焼期間	thời kỳ đốt áp suất không đổi	constant pressure combustion period
でぃあるいんふれーた	デュアルインフレータ	bơm hơi kép	dual inflator
てぃーがたれんち	T形レンチ	Cờ lê hình chữ T	T-shaped wrench
でぃーしーぶらしれすもーた	ＤＣ ブラシレスモータ	Động cơ không chổi than DC	DC brushless motor
でぃーじゅうさんもーど	D13モード	D13 chế độ	D13 mode
でぃーぜるえんじん	ディーゼルエンジン	Động cơ diesel	Diesel engine
でぃーぜるこくえんひりゅうししょきょそうち	ディーゼル微粒子除去装置	bộ lọc hạt động cơ diesel	Diesel Particulate Filter
でぃーぜるさいくる	ディーゼルサイクル	Chu trình diesel	Diesel cycle
でぃーぜるすもーく	ディーゼルスモーク	khói động cơ diesel	Diesel smoke
でぃーぜるのっく	ディーゼルノック	Động cơ diesel gõ/sự róc máy(kích nổ)	Diesel knock
でぃーぜるはいきびりゅうし	ディーゼル排気微粒子	thải hạt động cơ diesel	Diesel emitted particulate
でぃーとくせい	デー特性	Đặc điểm ngày	Day characteristics
でぃーらー	ディーラー	Cửa hàng lớn bán lẻ	Dealer
でぃーれんじ	Dレンジ	Phạm vi D	D range
ていおう	適応	Sự thích nghi/ sự phỏng theo	Adaptation
ていか	低下	sự giảm/ sự kém đi	Decline
ていかくでんあつ	定格電圧	điện áp định mức	Rating voltage
ていかした	低下した	Bị hạ xuống	declined
ていぎ	定義	Định nghĩa	Definition
ていきてんけんせいび	定期点検整備	kiểm tra định kỳ và bảo trì	Priodical maintenace
ていこう	抵抗	Sức cản	resistance
ていこういりてんかぷらぐ	抵抗入り点火プラグ	điện trở đặt trong bougie	Resistance spark plug
ていこうがいしゃ	低公害車	xe ô nhiễm thấp	Low Emission Vehicle
ていしきょり	停止距離	Khoảng cách dừng	Stop distance
ていじふんしゃほうしき	定時噴射方式	Phương pháp giải phóng nhiên liệu đều đặn	Timed injection
ていしゅうはおん	低周波音	Tiếng ồn tần số thấp/ âm thanh tần số thấp	Low frequency sound
ていじょうそうこうそうおん	定常走行騒音	Tiếng ồn chạy ổn định	Cruising noise
ていすう	定数	số không đổi	constant
でぃすく	ディスク	đĩa	disk
でぃすくさんだ	ディスクサンダ	chà nhám đĩa	Disk sander
でぃすくすぷりんぐ	ディスクスプリング	lò xo đĩa	Disc spring
でぃすくぱっど	ディスクパッド	đệm đĩa	Disc pad
でぃすくぶれーき	ディスクブレーキ	Phanh đĩa	Disc brake

でぃすくぶれーききゃりぱー	ディスクブレーキキャリパー	compa đo phanh đĩa	Disc brake caliper
でぃすくほいーる	ディスクホイール	bánh răng hình đĩa/ đĩa mài	Disc wheel
でぃすくろーたー	ディスクローター	Đĩa cánh quạt/ rôto đĩa	Disc rotor
でぃすこねくと	ディスコネクト	Ngắt kết nối	Disconnect
でぃすちゃーじ	ディスチャージ	Phóng điện/ dòng chảy	Discharge
でぃすちゃーじばるぶ	ディスチャージバルブ	Van xả	Discharge valve
でぃすちゃーじれーと	ディスチャージレート	Tốc độ thoát điện	Discharge rate
でぃすとりびゅーた	ディストリビュータ	Dải phân cách	Distributor
でぃすとりびゅーたたいぷぽんぷ	ディストリビュータタイプポンプ	Nhà phân phối loại bơm	Distributor type pump
でぃすぷれい	ディスプレイ	Trưng bày/ màn hình	Display
ていせい	訂正	điều chỉnh/ đính chính	correction
ていそくとるく	低速トルク	Mô-men xoắn tốc độ thấp	Low speed torque
ていそくもーど	低速モード	Chế độ tốc độ thấp	Low speed mode
でぃたっちゃぶる	ディタッチャブル	Có thể tháo rời	Detachable
ていでんりゅうじゅうでんほう	定電流充電法	phương pháp sạc dòng điện liên tục	Constant current charging method
ていど	程度	trình độ	degree
ていねっか	低熱価	Giá trị nhiệt thấp	Low heat value
ていねんしき	低年式	loại năm thấp	low age type
でぃばいす	ディバイス	Thiết bị	Device
でぃふぁれんしゃるぎや	ディファレンシャルギヤ	Bánh răng vi sai	Differential gear
でぃふぁれんしゃるけーす	ディファレンシャルケース	hộp vi sai	Differential case
でぃふぁれんしゃるはうじんぐ	ディファレンシャルハウジング	vỏ bao bi sai	Differential housing
でぃふぁれんしゃるぴにおん	ディファレンシャルピニオン	Bánh răng cưa nhỏ vi sai	Differential pinion
でぃふゅーざ	ディフューザ	Máy khuếch tán	Diffuser
でぃふれーた	ディフレータ	bộ làm xì hơi	Deflator
ていへん	底辺	Dưới cùng/ cạnh đáy	Bottom
でぃめんしょん	ディメンジョン	Kích thước	Dimension
ていようさいくるきかん	定容サイクル機関	Động cơ chu kỳ khối lượng không đổi	Constant volume cycle engine
ていり	定理	định lý	theorem
ていれ	手入れ	Quan tâm/ chăm sóc	Care
でぃれい	ディレイ	sự chậm trễ	delay
でぃれいすいっち	ディレイスイッチ	Công tắc hẹn giờ	Delay switch
でぃれいばるぶ	ディレイバルブ	van làm trễ	Delay valve
でーじぇとろにっく	Dジェトロニック	D Jetronic	D Jetronic
でーたぶっく	データブック	Sổ dữ liệu	Data book
てぇっきんぐ	チェッキング	Kiểm tra	Checking
てーぱー	テーパー	côn	taper

てーぱーしゃんく	テーパシャンク	Thân côn	Taper shank
てーぱーふぇーすがたぴすとんりんぐ	テーパフェース型ピストンリング	Vòng piston loại côn	Taper face type piston ring
てーぱきー	テーパキー	Phím côn	Taper key
てーぱろーらべありんぐ	テーパローラベアリング	Ổ trục côn/ ổ đũa côn	Tapered roller bearing
でーらー	デーラー	Người buôn bán	Dealer
てーるぱいぷ	テールパイプ	Đuôi ống/ ống xả khói	Tail pipe
てーるふぃん	テールフィン	Vây đuôi	Tail fin
てーるらいと	テールライト	Đèn đuôi	Tail light
てーるらんぷ	テールランプ	đèn hậu	tail lamp
でかい	でかい	khổng lồ	huge
てがるな	手軽な	dễ cầm	Handy
てきかく	的確	Chính xác	Accurate
てきすとぶっく	テキストブック	sách giáo khoa	textbook
てきせつ	適切	Thích hợp	Appropriate
てきせつな	適切な	Phù hợp / Thích hợp	appropriate
てきとう	適当	Phù hợp	suitable
てくにしゃん	テクニシャン	kỹ thuật viên/ nhà kỹ thuật	technician
てこ	てこ	Đòn bẩy	Lever
てこのさよう	てこの作用	Hành động này	leverage action
でこぼこ	でこぼこ	Mấp mô	Bumpy
でこぼこの	デコボコの	Mấp mô/ gập ghềnh	Bumpy
でこんぷ	デコンプ	Giảm bớt sức ép	Decompression
でじたる	デジタル	Kỹ thuật số/ thuộc về ngón tay	Digital
でじたるさーきっとてすた	デジタルサーキットテスタ	thiết bị kiểm tra mạch số	Digital circuit tester
でじたるしきめーた	デジタル式メータ	Đồng hồ số	Digital meter
でじたるしんごう	デジタル信号	Tín hiệu kĩ thuật số/ tín hiệu dạng số tự	Digital signal
でじたるせいぎょ	デジタル制御	Điều khiển kỹ thuật số	Digital control
でじたるたこめーた	デジタルタコメータ	Máy đo tốc độ kỹ thuật số	Digital tachometer
でしべる	デシベル	Decibel	Decibel
てじゅん	手順	thủ tục	procedure
てすとべんち	テストベンチ	Bàn thử	Test bench
ですとりびゅーたー	デストリビューター	bộ phân phối	Distributor
ですぴー	デスピー	bộ phân chia	Distributor
でたらめ	でたらめ	Nhảm nhí	Bullshit
てつ	鉄	Sắt	Iron
でっき	デッキ	boong/ bông tàu	deck
てっきり	てっきり	Chắc chắn	Definitely

てっこう	鉄鋼	Thép	Steel
てっしん	鉄心	lõi sắt	iron core
てつだう	手伝う	Cứu giúp	help
てつづき	手続き	thủ tục	procedure
てっていする	徹底する	Kỹ lưỡng/ làm triệt để	Thorough
でっどすとっく	デッドストック	Cổ phiếu chết/ hàng ế	Dead stock
でっどせんたー	デッドセンター	Trung tâm chết	Dead center
てっぺん	てっぺん	Hàng đầu	Top
でとねーしょん	デトネーション	Đốt cháy bất thường/ tiếng nổ	Detonation
てなおし	手直し	làm lại	rework
でばいす	デバイス	thiết bị điện tử	device
でふ	デフ	bánh răng vi sai	Diff. = Differential gear
でふぎあ	デフギア	bánh răng vi sai	Diff-gear
でぷすげーじ	デプスゲージ	máy đo độ sâu	Depth gauge
でふれんしゃる	デファレンシャル	Vi sai bánh	Dfiffrencial
でふろすた	デフロスタ	Rã đông	Defroster
てふろん	テフロン	Teflon	Teflon
でぽじっと	デポジット	tiền gửi	deposit
てほん	手本	Thí dụ/ mẫu mực	Example
てま	手間	Nhân công/ công sức	Labor
てまえ	手前	Phía trước mặt	In front
でゅある	デュアル	hai	dual
でゅあるいぐにしょん	デュアルイグニション	sự đánh lửa đôi	Dual ignition
でゅあるいんふれーた	デュアルインフレータ	bơm hơi kép	Dual inflator
でゅあるがたぶれーきばるぶ	デュアル型ブレーキバルブ	van hãm kép	Dual brake valve
でゅあるばるぶ	デュアルバルブ	Van kép	Dual valve
でゅあるふゅーえるしゃ	デュアルフューエル車	xe nhiên liệu kép	dual fuel vehicle
でゅあるぷろぽーしょにんぐばるぶ	デュアルプロポーショニングバルブ	Van điều khiển áp suất dầu phanh cho phanh hai hệ thống	Dual positioning valve
でゅーてぃーこんとろーる	デューティーコントロール	Điều chỉnh tốc độ tắt / mở tín hiệu theo từng chu kỳ	Duty control
でゅーてぃーそれのうどばるぶ	デューティーソレノイドバルブ	Van điện tử di chuyển ở mỗi chu kỳ tùy thuộc vào tốc độ bật / tắt tí n hiệu	Duty solenoid valve
でゅーてぃーひ	デューティー比	Tỉ lệ làm nhiệm vụ/ chu trình hoạt động	Duty ratio
でゅおさーぼぶれーき	デュオサーボブレーキ	bộ hãm phụ kép	Duo servo brake
てらす	照らす	Soi sáng/ chiếu sáng	Illuminate
でらっくす	デラックス	sang trọng	Deluxe
でりばりかー	デリバリカー	xe để giao hàng	Delivery car
でりばりすとろーく	デリバリストローク	Giao hàng đột quỵ	Delivery stroke

でりばりばるぶ	デリバリバルブ	van phân phối/ van cung cấp	Delivery valve
でりばりばん	デリバリバン	Xe tải giao hàng	Delivery van
でりばりわごん	デリバリワゴン	Toa xe giao hàng	Delivery wagon
でるたこねくしょん	デルタコネクション	Kết nối Delta/ nối dây tam giác	Delta connection
でるたりんく	デルタリンク	liên kết delta	Delta link
てれすこぴっく	テレスコピック	Kính thiên văn/ kiểu ống lồng	Telescopic
てれすこぴっくあんてな	テレスコピックアンテナ	Ăng ten rút	Telescopic antenna
てれすこぴっくがた	テレスコピック型	kiểu ống lồng	Telescopic type
てれすこぴっくすてありんぐ	テレスコピックステアリング	tay lái điều khiển tấm lái	Telescopic steering
てん	点	điểm	point
でんあつ	電圧	Vôn	Voltage
でんあつけい	電圧計	Đồng hồ đo điện áp/ vôn-mét	Voltage meter
でんあつこうか	電圧降下	Điện áp thả	Voltage drop
でんあつせいぎょほうしき	電圧制御方式	Phương pháp điều khiển điện áp	Voltage control method
でんあつほせい	電圧補正	Hiệu chỉnh điện áp	Voltage correction
でんい	電位	tiềm năng/ điện thế	potential
でんいさ	電位差	Sự khác biệt tiềm năng/ hiệu số điện thế	Potential difference
てんえんがす	天然ガス	Khí đốt tự nhiên	Natural gas
てんか	点火	đánh lửa	ignition
でんかいえき	電解液	Chất điện phân	Electrolyte
でんかいえきひじゅう	電解液比重	Khối lượng riêng của chất điện phân	Specific gravity of electrolyte
でんかいこんでんさ	電解コンデンサ	tụ điện hóa	Electrolytic capacitor
てんかいず	展開図	Cắt thành 3D và mở rộng mỗi bên để tạo chế độ xem phẳng	Development view
てんかいちじしんごう	点火一次信号	Tín hiệu đánh lửa chính	Ignition primary signal
てんかけいとう	点火系統	Hệ thống đánh lửa	Ignition system
てんかざい	添加剤	Phụ gia	Additive
てんかじき	点火時期	Thời điểm đánh lửa	Ignition timing
てんかじきしんごう	点火時期信号	Tín hiệu thời điểm đánh lửa	Ignition timing signal
てんかじきせいぎょ	点火時期制御	Kiểm soát thời gian đánh lửa	Ignition timing control
てんかじきせいぎょそうち	点火時期制御装置	Thiết bị điều khiển thời gian đánh lửa	Ignition timing control device
てんかじゅんじょ	点火順序	Trình tự đánh lửa	Ignition sequence
てんかしんかくそうち	点火進角装置	Thiết bị đánh lửa sớm	Ignition advance device
てんかしんごうでんあつはけい	点火信号電圧波形	Dạng sóng điện áp tín hiệu đánh lửa	Ignition signal voltage waveform
てんかしんごうはっせいきこう	点火信号発生機構	Cơ chế tạo tín hiệu đánh lửa	Ignition signal generation mechanism
てんかせん	点火栓	Bugi	Spark plug
てんかそうち	点火装置	Hệ thống đánh lửa/ thiết bị đánh lửa	Ignition system
てんかぷらぐ	点火プラグ	bugi / Đánh lửa Hung	Spark plug

てんかん	転換	Chuyển đổi	Conversion
でんきかいろ	電気回路	mạch điện	electric circuit
でんきし	電機子	Phần ứng	Armature
でんきしきえあばっぐ	電気式エアバッグ	Túi khí điện	Electric air bag
でんきしきかいてんけい	電気式回転計	Máy đo tốc độ điện	Electric tachometer
でんきしきすぴーどめーた	電気式スピードメータ	Đồng hồ tốc độ điện	Electric speedometer
でんきしきふゅーえるぽんぷ	電気式フューエルポンプ	Bơm nhiên liệu điện	Electric fuel pump
でんきじどうしゃ	電気自動車	Xe điện	Electric Vehicle
でんきていこう	電気抵抗	Điện trở	Electric resistance
でんきでんどうりつ	電気伝導率	độ dẫn điện / Tính dẫn điện	Electrical conductivity
でんきどうりょくけい	電気動力計	Máy đo điện / lực kế điện	Electric dynamometer
でんきどりる	電気ドリル	Khoan điện / máy khoan điện	electric drill
でんきめっき	電気メッキ	Mạ điện	Electric plating
でんきゅう	電球	bóng đèn	light bulb
でんきょく	電極	Điện cực	Electric pole
てんけん	点検	kiểm tra	inspection
でんげん	電源	Nguồn cấp	Power supply
てんけんはんま	テストハンマ	Búa thử	Test hammer
でんし	電子	Điện tử	Electronic
でんじしき	電磁式	Loại điện từ	Electromagnetic type
でんじしゃく	電磁石	Nam châm điện	Electro magnet
でんしせいぎょしきえーてぃー	電子制御式 AT	AT loại điều khiển bằng điện	Electronic control type AT
でんしせいぎょしきてんかじきせいぎょ	電子制御式点火時期制御	Kiểm soát thời gian đánh lửa loại điều khiển điện tử	Electronically controlled ignition timing control
でんしせいぎょしきねんりょうふんしゃぽんぷ	電子制御式燃料噴射ポンプ	Bơm phun nhiên liệu loại điều khiển điện tử	Electronically controlled fuel injection pump
でんしせいぎょすろっとるこんとろーるしすてむ	電子制御スロットルコントロールシステム	hệ thống điều khiển bướm ga loại điều khiển điện tử	Electronic Throttle Control System
でんじたんしょうほう	電磁探傷法	pương pháp phát hiện lỗ hổng điện từ	Electromagnetic powder method
でんじゆうどうさよう	電磁誘導作用	Cảm ứng điện từ	Electromagnetic induction
てんしょなー	テンショナー	bộ kéo căng	Tensioner
てんしょんぷーり	テンションプーリ	con lăn căng/ puli căng	Tension pulley
てんしょんろっど	テンションロッド	thanh chịu kéo/ thanh kéo	Tension rod
でんじりょく	電磁力	Lực điện từ	Electromagnetic force
てんせい	展性	Dễ uốn/ tính dễ dát mỏng	Malleability
てんせん	点線	đường chấm chấm	dotted line
でんせん	電線	Dây điện	Electrical wire
でんそうかんけい	電装関係	Điện outfitting mục liên quan	Electric items
でんたつ	伝達	truyền đạt/ chuyển giao	Transmission

でんたつこうりつ	伝達効率	Hiệu suất truyền dẫn	Transmission efficiency
でんたつん	伝達音	âm thanh truyền	Transmitted sound
でんち	電池	ắc quy	battery
でんちゃく	電着	Hàn điện	Electric welding
でんちゃくとそう	電着塗装	lớp phủ điện	Electro painting
てんてん	転々	Quay vòng/ cuộn quanh	Turning around
でんと	デント	vết lõm	Dent
でんどうき	電動機	Động cơ điện	Electric motor
でんどうしきぱわーすてありんぐ	電動式パワーステアリング	Lái trợ lực điện	Electric Drive Type Power Steering
でんどうどりる	電気ドリル	Máy khoan điện	Electric drill
でんどうふぁん	電動ファン	Quạt điện	Electric fan
でんどうりもこんみらー	電動モコンミラー	Gương điều khiển điện	Electric remote control mirror
でんねつ	電熱	Nhiệt điện	Electric heat
てんねんがす	天然ガス	Khí tự nhiên	Natural gas
てんねんがすじどうしゃ	天然ガス自動車	Khí đốt tự nhiên xe	Natural gas vehicle
てんねんごむ	天然ゴム	Cao su tự nhiên	Natural rubber
でんぱ	電波	Sóng radio	Radio wave
てんぱー	テンパ	Nhiệt độ	Temper
てんぱーどぐらす	テンパードグラス	Kính nhiệt	Tempered glass
てんぱれちゃ	テンパレチャ	Nhiệt độ	Tempareture
てんぱれちゃげーじ	テンパレチャゲージ	Đồng hồ đo nhiệt độ	Temperature gauge
てんぱれちゃせんさ	テンパレチャセンサ	Cảm biến nhiệt độ	Temperature sensor
てんぶく	ターンオーバ	vòng quay	Turnover
てんめつしき	点滅式	Nhấp nháy	Flashing
てんようせつ	点溶接	Hàn điểm	Spot welding
でんりゅう	電流	Dòng điện	Electric current
でんりゅうけい	電流計	Ampe kế	Ammeter
でんりゅうせいぎょしき	電流制御式	loại điều khiển dòng điện	Current control type
でんりゅうのさんさよう	電流の三作用	Ba hành động của dòng điện	Three actions of electric current
でんりょく	電力	Điện lực	Electricity
でんりょくりょう	電力量	Năng lượng điện	Electric energy
ど	度	Bằng cấp / Mỗi lần	degree / Every time
どあ	ドア	Cửa	Door
どあがらす	ドアガラス	kính cửa	Door glass
どあきゃっち	ドアキャッチ	chốt cài cửa	Door catch
どあしる	ドアシル	Ngưỡng cửa	Door sill
どあすいっち	ドアスイッチ	Công tắc cửa	Door switch

どあすとらいか	ドアストライカ	tiền đạo khóa cửa	Door striker
どあとりむ	ドアトリム	Cửa trang trí/ Tấm ốp cửa	Door trim
どあとりむぼーど	ドアトリムボード	tấm bọc cửa (bên trong)	Door trim board
どあのぶ	ドアノブ	tay nắm cửa	door knob
どあびーむ	ドアビーム	Dầm cửa/ thanh cản phía cửa	Door beam
どあみらー	ドアミラー	gương cửa	door mirror
といし	砥石	đá mài	whetstone
どう	銅	Đồng	Cooper
とうあつさいくる	等圧サイクル	Chu kỳ isobaric	Isobaric cycle
とうあつさいくるきかん	等圧サイクル機関	Động cơ chu trình Isobaric	Isobaric cycle engine
とうあつへんか	等圧変化	Thay đổi isobaric	Isobaric change
とうあん	答案	Câu trả lời	Answer
とういつ	統一	Hợp nhất	Unification
どういつ	同一	Tương tự/ đồng nhất	Same
とうおんへんか	等温変化	Thay đổi đẳng nhiệt/ biến đổi đẳng nhiệt	Isothermal change
とうかそうち	灯火装置	Thiết bị chiếu sáng	Lighting equipment
どうきかみあい	同期噛み合い	Lưới đồng bộ	Synchronous mesh
どうきさよう	同期作用	Đồng bộ hóa	Synchronization
どうぐ	道具	dụng cụ	tool
どうごうきん	銅合金	Hợp kim đồng	Copper alloy
どうさ	動作	chuyển động/ động tác	motion
どうじ	同時	đồng thời/ cùng lúc	simultaneous
どうして	どうして	tại sao	why
どうじに	同時に	đồng thời	at the same time
どうしんがた	同心型	kiểu đồng tâm	Concentric
どうしんの	同心の	Đồng tâm	concentric
どうせなら	どうせなら	Nếu bất cứ điều gì	If anything
とうぜん	当然	Tất nhiên	Of course
とうそく	等速	Vận tốc không đổi	Constant velocity
とうそくじょいんと	等速ジョイント	Khớp vận tốc không đổi/ khớp nối đồng tốc	Constant velocity joint
どうたい	導体	vật dẫn điện	conductor
とうとう	とうとう	Cuối cùng	Finally
どうとう	同等	Tương đương	Equivalent
とうないふんしゃしきがそりんえんじん	筒内噴射式ガソリンエンジン	Động cơ xăng loại trong xi-lanh tiêm	Direct injection gasoline engine
とうなんけいほうき	盗難警報機	Báo động chống trộm	Anti-theft alarm
どうねんせいけいすう	動粘性係数	Hệ số nhớt động học	Kinematic viscosity coefficient
とうぶん	当分	như hiện tại	For the time being

どうべんきこう	動弁機構	Cơ chế van	Valve mechanism
どうも	どうも	Cảm ơn	Thanks
とうゆ	灯油	dầu hỏa	kerosene
とうようさいくる	等容サイクル	Chu kỳ của thể tích không đổi (không gian)	Isometric cycle
とうようへんか	等容変化	Các thay đổi ở một khối lượng cố định (không gian)	Isometric change
どうりょく	動力	động lực	power
どうりょくけい	動力計	Động lực kế	Dynamometer
どうりょくそうち	動力装置	Thiết bị điện/ đơn vị điện	Power equipment
どうりょくそんしつ	動力損失	Tôi không có năng lượng để di chuyển	Power loss
どうりょくでんたつそうち	動力伝達装置	Thiết bị truyền công suất động cơ	Power transmission device
どうりょくぶんかつきこう	動力分割機構	Cơ chế phân chia quyền lực	Drive division mechanism
どうりょくぶんぱいそうち	動力分配装置	Một thiết bị phân phối công suất động cơ	Power distribution device
とうろくばんごうひょう	登録番号標	Số đăng ký tấm	Number plate
とうろくふおうしき	登録標識	bảng hiệu đăng ký	Registration mark
どえるあんぐる	ドエルアングル	Góc dwell	Dwell angle
とー	トー	ngón chân	toe
とーあうと	トーアウト	Nhón chân ra	Toe out
とーいん	トーイン	Điều chỉnh bánh trước một chút vào trong	Toe in
とーいんげーじ	トーインゲージ	Máy đo để điều chỉnh bánh trước hơi vào trong	Toe gauge
とーしょなるごむ	トーショナルゴム	Cao su xoắn	Torsional rubber
とーしょなるすぷりんぐ	トーショナルスプリング	lò xo xoắn	Torsional spring
とーしょんばー	トーションバー	Thanh xoắn	Torsion bar
とーしょんんばーすぷりんぐ	トーションバースプリング	lò xo thanh xoắn	Torsion bar spring
とおす	通す	cho đi qua	Pass through
とーすかん	トースカン	máy đo bề mặt	surface gauge / trusquim
とーち	トーチ	Đèn pin	Torch
とーへんか	トー変化	Thay đổi ngón chân	Toe change
とーぼーど	トーボード	ván đỡ chân	Toe board
とーるげーと	トールゲート	Cổng thu phí/ cửa thu thuế	Toll gate
とーるばー	トールバー	Thanh thu phí/ cái chắn đường để thu thuế	Toll bar
とかす	溶かす	Tan chảy	Melt
ときどき	時々	Đôi khi	Sometimes
とく	解く	Để làm sáng tỏ / gỡ rối	solve
とぐ	研ぐ	làm sắc nét	sharpen
とくい	得意	Giỏi về	Good at
どぐくらっち	ドグクラッチ	Khớp ly hợp vấu	Dog clutch

とくしゅかこう	特殊加工	Chế biến đặc biệt	Special processing
とくしゅこう	特殊鋼	Thép đặc biệt	Special alloy steel
とくしゅちゅうてつ	特殊鋳鉄	Gang đặc biệt	Special cast iron
とくしょく	特色	Đặc trưng/ đặc điểm	Features
とくしょな	特殊な	Đặc biệt	special
とくせい	特性	Đặc tính	Characteristic
とくぜん	突然	đột ngột	suddenly
とくちょう	特徴	đặc điểm	Feature
とくていさいしげんかぶっぴん	特定再資源化物品	Mặt hàng tái chế cụ thể	specific recycling articles
とくていふろん	特定フロン	CFC cụ thể	Specific CFC
どくとく	独特	Kỳ lạ/ độc đáo	Peculiar
とくに	特に	Đặc biệt	Especially
どくりつ	独立	Sự độc lập	Independence
どくりつけんか	独立懸架	Hệ thống treo độc lập	Independent suspension
とぐるすいっち	トグルスイッチ	Công tắc bật/tắt/ công tắc lật	Togule switch
とけいまわり	時計回り	chiều kim đồng hồ / theo chiều kim đồng hồ	clockwise
とけこむ	溶け込む	Trộn trong	Blend in
とける	溶ける	chảy ra/ tan ra	melt
どこまで	どこまで	Ở đâu cho đến khi	Where until
ところが	ところが	Tuy nhiên	However
ところどころ	所々	Đây và đó	Here and there
としこうざん	都市鉱山	Mỏ đô thị	Urban mine
とじる	閉じる	đóng	close
とそう	塗装	Bức vẽ/ lớp phủ ngoài	Painting
とちゅう	途中	dọc đường	On the way
とつじょうの	凸状の	lồi	convex
とって	取っ手	Xử lý	Handle
とっぷ	トップ	Hàng đầu	Top
とっぷぎや	トップギア	Chia lưới bánh răng ở tốc độ cao nhất	Top gear
とっぷくりあらんす	トップクリアランス	Giải phóng mặt bằng	Top clearance
とっぷでっどせんたー	トップデッドセンター	Trung tâm chết hàng đầu	Top dead center
とっぷりんぐ	トップリング	Vòng piston trên đỉnh piston	Top ring
とどこうる	滞る	Bị trì hoãn/ ứ	Be delayed
ととのえる	整える	Sắp xếp	Arrange
ととらすがたふれーむ	トラス型フレーム	Khung giàn	Truss frame
とにかく	とにかく	Dù sao	Anyways
とのー	坂登性能	Hiệu suất leo dốc	Slope climbing performance

どのように	どのように	Làm sao	How
とびだす	飛び出す	Nhảy ra ngoài	Jump out
とぼしい	乏しい	nghèo/ không đủ	poor
とまく	塗膜	Sơn phim / lớp sơn	Paint film
ともかく	ともかく	dù sao	anyway
ともなう	伴う	Đồng hành/ theo	Accompany
どらあーむれすと	ドアアームレスト	Tay vịn cửa	Door armrest
どらい	ドライ	khô	dry
どらいあいす	ドライアイス	đá khô/ cacbon đioxyt đậm đặc	dry ice
とらいあんぐる	トライアングル	Tam giác	Triangle
どらいくらっち	ドライクラッチ	Ly hợp khô	Dry clutch
とらいさいくる	トライサイクル	xe ba bánh	Tri-cycle
どらいさんぷるじゅんかつ	ドライサンプ潤滑	Bôi trơn khô	Dry sump lubrication
どらいしりんだらいな	ドライシリンダーライナー	ống lót xi lanh khô	Dry cylinder liner
どらいせる	ドライセル	Tế bào khô/ pin khô	Dry cell
どらいたいぷ	ドライタイプ	Loại khô	Dry type
どらいでぃすくくらっち	ドライディスククラッチ	Ly hợp đĩa khô	Dry disc clutch
どらいばー	ドライバー	Tài xế	driver
どらいばってり	ドライバッテリ	bộ pin khô	Dry battery
どらいばびりてぃー	ドライバビリティー	Khả năng lái xe	Drivability
どらいぶ	ドライブ	lái xe	drive
どらいぶしゃふと	ドライブシャフト	trục dẫn động	Drive shaft
どらいぶれいんじ	ドライブレコーダ	đầu ghi ổ đĩa	Drive recorder
とらくしょんこんとろーる	トラクションコントロール	điều khiển lực kéo	Traction Control
とらす	トラス	giàn	truss
とらっく	トラック	xe tải	truck
どらっぐりんく	ドラッグレース	Cuộc đua kéo/ cuộc đua xe hơi	Drag race
とらぶる	トラブル	Rắc rối	Trouble
とらぶるしゅーてぃんぐ	トラブルシューティング	việc xử lý sự cố	Trouble shooting
とらんく	トランク	Thân cây	Trunk
とらんくりっど	トランクリッド	Thân cây nắp/ nắp khoang	Trunk lid
とらんじすたしきれぎゅれーた	トランジスタ式レギュレータ	bộ điều chỉnh loại transistor	Transistor type regulator
とらんすあくする	トランスアクスル	Dịch chuyển	Transaxle
とらんすふぁ	トランスファ	Chuyển giao	Transfer
とらんすふぁれしょ	トランスファレシオ	Tỷ lệ chuyển nhượng/ tỷ số truyền	Transfer ratio
とらんすふぉーま	トランスフォーマ	Máy biến áp/ máy biến thế	Transformers
とらんすみっしょん	トランスミッション	Truyền động cơ	Transmission

とらんすみっしょんこんとろーるこんぴゅーた	トランスミッションコントロールコンピュータ	Máy tính điều khiển truyền dẫn	Transmission control computer
とらんすみった	トランスミッタ	Hệ thống điều khiển/ rađiô máy phát	Transmitter
とりあえず	とりあえず	Tạm thời	at once / for the present
どりー	ドリー	bệ quay/ khung quay	dolly
とりがー	トリガー	Kích hoạt/ cò súng	trigger
とりかえる	取り替える	thay thế	replace
とりつける	取り付ける	Tải về/ lắp đặt	Install
どりつのせんたん	ドリルの先端	Mũi khoan	drill tip
とりっぷめーた	トリップメータ	Đồng hồ đo chuyến đi/ đồng hồ đo quãng đường	Trip meter
とりのぞく	取り除く	Để xóa / tẩy	remove
とりはずしできる	取り外しできる	tháo lắp được	removable
とりぷれっくすぐらす	トリプレックスグラス	Kính Triplex/ kính ba lớp	Triplex glass
どりぶん	ドリブン	Bánh răng không phải là bên truyền công suất động cơ	driven
とりぽーとがたとうそくじょいんと	トリボード型等速ジョイント	khớp nối đồng tốc giá ba chân	Tripod type CV joint
とりむ	トリム	Vật liệu đóng gói/ sự trang trí xe	Trim
どりる	ドリル	Máy khoan	Drill
とるく	トルク	mô-men xoắn	torque
とるくこんばーた	トルクコンバータ	bộ biến mômen	Torque converter
とるくすそけっとれんち	トルクスソケットレンチ	Cờ lê ổ cắm Torx	Torx socket wrench
とるくちゅーぶ	トルクチューブ	Mômen xoắn/ ống xoắn	Torque tube
とるくれんち	トルクレンチ	Cờ lê lực/ cờ lê đo lực	Torque Wrench
とるこん	トルコン	Bộ chuyển đổi mô-men xoắn / bộ biến mômen	Torque converter
とれーさびりてぃ	トレーサビリティ	Truy xuất nguồn gốc/ khả năng tạo vết	Traceability
とれーらー	トレーラー	Giới thiệu tóm tắt/ moóc	Trailer
とれーりんぐあーむ	トレーリングシュー	guốc hãm ma sát	Trailing shoe
どれっさ	ドレッサ	Tủ quần áo/ máy mài sắc/ dụng cụ sửa	Dresser
とれっど	トレッド	Bước đi	Tread
とれっどぱたーん	トレッドパターン	Tread mẫu/ loại mặt gai lốp	Tread pattern
どろ	泥	Trắng	mud
とろこいどかーぶ	トロコイドカーブ	Đường cong Trochoid	Trochoid curve
とろこいどぽんぷ	トロコイドポンプ	Bơm Trochoid	Trochoid pump
どろよけ	泥除け	Chắn bùn/ tấm chắn bùn	Mudguard
どわすれ	度忘れ	mất hiệu lực của trí nhớ	lapse of memory
とん	トン	Tấn	Tons
とんだ	とんだ	khủng khiếp/ quá đáng	terrible
どんどん	どんどん	Ổn định/ đều đều	Steadily

ないきじゅんかんしき	内気循環式	loại lưu thông không khí bên trong	Inside air circulation type
ないきせんさ	内気センサ	Cảm biến không khí bên trong	Inner air sensor
ないそくようまいくるめーた	内測用マイクロメータ	Micromet để đo nội bộ	Micrometer for internal measurement
ないねんきかん	内燃機関	Động cơ đốt trong	Internal combustion engine
ないぶ	内部	nội bộ	internal
ないぶいーじーあーる	内部ＥＧＲ	EGR nội bộ	Internal EGR
ないぶえねるぎ	内部エネルギ	Năng lượng bên trong	Internal energy
ないぶしょーと	内部ショート	Đoản mạch nội bộ	Internal short circuit
ないぶの	内部の	Phía trong/ bên trong	Inside
ないぶひずみ	内部ひずみ	Căng thẳng bên trong/ biến dạng trong	Internal strain
ないぶまさつ	内部摩擦	Ma sát bên trong	Internal friction
ないよう	内容	Nội dung	Content
ないより	何より	Hơn bất cứ thứ gì/ trên hết	More than anything
ないろんぶっしゅ	ナイロンブッシュ	Đúc dùng nylon/ chổi nilông	Nylon bush
なおさら	なおさら	Thậm chí nhiều hơn/ hơn nữa	Even more
なおす	直す	chữa khỏi	cure
ながさ	長さ	chiều dài	length
なかなか	なかなか	Khá/ rất	Quite
なかめやすり	中目やすり	Mâm xôi vừa/ cái giữa vừa	Medium rasp
ながれる	流れる	Chảy	flowing
なくなる	無くなる	mất/ hết	There is no
なげる	投げる	ném/ vứt	throw
なちゅらるがす	ナチュラルガス	Khí tự nhiên	Natural gas
なっくる	ナックル	đốt ngón tay	knuckle
なっくるあーむ	ナックルアーム	Cánh tay Knuckle	Knuckle arm
なっくるすぴんどる	ナックルスピンドル	trục chính Knuckle	Knuckle spindle
なづける	名付ける	đặt tên/ gọi tên	Name
なっと	ナット	hạt/ đai ốc	nut
なっとく	納得	tin chắc	Convincing
なとりうむれいきゃくべん	ナトリウム冷却弁	Van làm mát bằng natri	Sodium cooling valve
ななそくまにゅあるもーどせいぎょ	7速マニュアルモード制御	7 tốc độ hướng dẫn sử dụng chế độ kiểm soát	Seven speed manual mode control
ななめ	斜め	Đường chéo	Diagonal
なにしろ	何しろ	Rốt cuộc/ dù thế nào đi nữa	as you know
なにぶん	何分	xin vui lòng/ dù sao	some / anyway
なにも	何も	không có gì	nothing
なびげーしょん	ナビゲーション	sự điều hướng	Navigation
なまり	鉛	Chì	Lead

なまりちくでんち	鉛蓄電池	Ắc quy	Lead acid battery
なみ	波	làn sóng	wave
なめらか	滑らか	Trơn tru	Smooth
なめらかな	滑らかな	Trơn tru	Smooth
なめらかにする	滑らかにする	Để mịn/ làm mịn	to smooth
なやます	悩ます	Lo	Worry
ならう	習う	học hỏi	learn
ならしうんてん	慣らし運転	Chạy vào	Running-in
ならす	鳴らす	làm cho kêu	Ring
ならべる	並べる	Để sắp xếp / Xếp hàng	to sort out / Line up
ならびに	並びに	Và	And
なりたつ	成り立つ	hình thành từ	Hold
なりとうむ	ナトリウム	natri	sodium
なるべく	なるべく	Càng nhiều càng tốt	As much as possible
なるほど	なるほど	À chính nó đấy/ quả vậy	So that's it
なれる	慣れる	Làm quen với	Get used to
なんこう	軟鋼	Thép nhẹ	Mild steel
なんすい	軟水	Nước mềm	Soft water
なんだか	何だか	bằng cách nào đó	somehow
なんだかんだ	何だかんだ	hoặc một cái gì đó khác	What is it
なんて	なんて	cái gì cơ	What
なんでも	何でも	bất cứ thứ gì	anything
なんとか	何とか	bằng cách nào đó/ bằng cách này cách khác	somehow
なんどかいろ	ナンド回路	mạch nand	nand circuit
なんとなく	何となく	không hiểu sao/ không có lý do cụ thể	somehow
なんとも	何とも	Rất/ không…một chút nào	cannot say / indiscribable
なんばーとう	ナンバー灯	Đèn số	Number light
なんばぷれーと	ナンバプレート	Biển số xe	License plate
にーどる	ニードル	cây kim	needle
にーどるろーらべありんぐ	ニードルローラベアリング	Kim lăn vòng bi / ổ đũa kim	Needle roller bearing
にがしべん	逃がし弁	Van cứu trợ/ van xả	Relief valve
にがて	苦手	Không giỏi về	Bad at
にきとう	二気筒	Hai xi lanh	Two cylinders
にきゅうでぃーぜるじどうしゃせいびし	2級ディーゼル自動車整備士	Thợ sửa xe diesel hạng 2	2nd class diesel car mechanic
にぎり	握る	sự nắm vững/ sự cầm chặt	Hold / grip
にくろむこう	ニクロム鋼	thép Niken Crom	Nickel chromium steel
にくろむせん	ニクロム線	dây crom niken	Nicrome wire

にこういてしききかん	二行程式機関	Động cơ hai thì	Two-stroke engine
にごる	濁る	đục	Become cloudy
にさいくるえんじん	２サイクルエンジン	Động cơ 2 chu kỳ	2-cycle engine
にさんかいおう	二酸化硫黄	Điôxít lưu huỳnh	Sulfur dioxide
にさんかたんそ	二酸化炭素	cạc-bon đi-ô-xít	Carbon Dioxide
にさんかちっそ	二酸化窒素	Điôxít nitơ	Nitrogen Dioxide
にじぐうりょく	二次偶力	Cặp đôi phụ	Secondary couple
にじくしきさすぺんしょん	二軸式サスペンション	huyền phù biaxial	Biaxial suspension
にじこいる	二次コイル	Cuộn dây thứ cấp	Secondary coil
にじしんどう	二次振動	Rung thứ cấp	Secondary vibration
にじでんあつ	二次電圧	Điện áp thứ cấp	Secondary voltage
にじでんち	二次電池	Pin phụ	Secondary battery
にじまきせん	二次巻き線	Cuộn thứ cấp	Secondary winding
にじむ	にじむ	bôi nhọ/ vết ố/ rỉ ra	Smear
にじゅうじかんりつ	２０時間率	Một tỷ lệ để biểu thị dung lượng của pin	20 hour rate
にしんすう	二進数	Số nhị phân	Binary number
にだんねんしょう	二段燃焼	sự nổ hai giai đoạn	Double stage explosion
にちゅうりふと	二柱リフト	máy nhấc hai trụ cột	Twin pole lift
にっかどでんち	ニッカド電池	Pin nickel-cadmium	Nickel cadmium battery
にっける	ニッケル	Niken	Nickel
にっけるくろむこう	ニッケルクロム鋼	thép Niken Crom	Nickel chromium steel
にっけるくろむもりぶでんすちーる	ニッケルクロムモリブデン鋼	thép Niken Crom, molypden	Nickel chromium molybdenum steel
にっしゃせんさ	日射センサ	Cảm biến bức xạ mặt trời	Solar radiation sensor
にっぱー	ニッパー	Kềm/ kìm cắt	nipper
にっぷる	ニップル	Núm vú	Nipple
にてんさせん	二点鎖線	Đường chấm chấm	Dash-dotted line
にとうしきへっどらいと	二灯式ヘッドランプ	Đèn hai đầu	Two-lamp head lamp
になう	担う	Mang/ gánh vác	Carry
にほんこうぎょうきかく	日本工業規格	Tiêu chuẩn công nghiệp Nhật bản	Japanese Industrial Standards
にぽんじどうしゃだいがっこう	日本自動車大学校	Cao đẳng ô tô Nhật Bản	Nihon Automobile College
にゅうか	乳化	Nhũ tương/ nhũ hóa	Emulsification
にゅうしゅする	入手する	đạt dược/nhận được	obtain
にゅーとらる	ニュートラル	Trung tính/ trung lập	neutral
にゅーとらる	ニュートラルポジション	Vị trí trung lập/ vị trí số không	Neutral position
にゅーとらるすいっち	ニュートラルスイッチ	Công tắc trung tính	Neutral switch
にゅーとらるすてあ	ニュートラルステア	Chỉ đạo trung lập	Neutral steer
にゅーとらるせふてぃーすいっち	ニュートラルセーフティスイッチ	Công tắc an toàn trung tính	Neutral safety switch

にゅーとらるらいん	ニュートラルライン	đường trung tính	neutral line
にゅーまちっくがばな	ニューマチックガバナ	bộ điều chỉnh bằng khí nén	Pneumatic governor
にゅーまちっくさすぺんしょん	ニューマチックサスペンション	Hệ thống treo khí nén	Pneumatic suspension
にゅうりょく	入力	đầu vào	input
にりんしゃ	二輪車	Xe máy/ xe mô tô	Motorcycle
にわかに	にわかに	Đột ngột/ bỗng nhiên	Suddenly
にんざい	人材	Nguồn nhân lực	Human resources
にんしき	認識	sự công nhận	recognition
にんしょう	認証	Xác thực/ sự chứng nhận	Certification
にんしょうきじゅん	認証基準	Tiêu chuẩn chứng nhận	Certification standard
にんしょうこうじょう	認証工場	Nhà máy được chứng nhận	Certified factory
にんぞう	人造	nhân tạo	Man-made
にんむ	任務	nhiệm vụ/ sứ mệnh	mission
ぬかるみ	ぬかるみ	Bùn/ lầy bùn	Muddy
ぬきとる	抜き取る	Kéo ra	Pull out
ぬく	抜く	nhổ/ rút/ kéo ra	Pull out
ぬぐう	ぬぐう	Lau đi	wipe away
ぬる	塗る	Sơn/ vẽ	paint
ぬるい	ぬるい	âm ấm/ nguội	Lukewarm
ねおじむじしゃく	ネオジム磁石	Nam châm neodymi	Neozim magnet
ねおん	ネオン	Neon	Neon
ねがてぃぐきゃんば	ネガティブキャンバ	Camber âm	Negative camber
ねがてぃぶ	ネガティブ	Tiêu cực/ phủ định/ âm	Negative
ねがてぃぶおふせっと	ネガティブオフセット	góc bánh âm	Negative offset
ねがてぃぶきゃすた	ネガティブキャスタ	Caster tiêu cực	Negative Caster
ねがてぃぶぷれっしゃ	ネガティブプレッシャ	Áp suất âm	Negative pressure
ねじ	ネジ	Đinh ốc	screw
ねじでとめる	ネジで止める	Cố định bằng ốc vít	secure with screws
ねじ回し	ねじ回し	Cái vặn vít	screwdriver
ねじりもーめんと	ねじりモーメント	lực xoắn	torsional moment
ねじれた	ねじれた	Xoắn	twisted
ねっする	熱する	nung nóng/ nổi nóng	heat
ねつりきがくだいにほうそく	熱力学第二法則	Các định luật hai của nhiệt động lực học	Second Thermodynamic Law
ねつりょう	熱量	nhiệt lượng	Calorie
ねばねばした	ねばねばした	Dính	Sticky
ねばり	粘り	tính chất dính/ Sự bền bỉ	Tenacity
ねらい	ねらい	mục đích	aim

ねんあつせんさ	燃圧センサ	Cảm biến áp suất nổ	Explosion pressure sensor
ねんおんせんさ	燃温センサ	cảm biến nhiệt độ nổ	Explosion temperature sensor
ねんしょう	燃焼	sự đốt cháy	combustion
ねんど	粘度	độ nhớt	viscosity
ねんりょうでんち	燃料電池	pin nhiên liệu	Fuel cll
ねんりょうでんちじどうしゃ	燃料電池自動車	xe pin nhiên liệu	Fuel Cell Vehicle
のいず	ノイズ	tiếng ồn	noise
のいずかんしちてすた	ノイズ感知テスタ	bộ kiểm tra phát hiện tiếng ồn	Noise detection tester
のうど	濃度	nồng độ	concentration
のぎす	ノギス	Calipers/ thước kẹp	calipers
のこぎり	のこぎり	Cưa	saw
のぞく	除く	ngoại trừ/ loại trừ	except
のぞましい	望ましい	mong muốn	desirable
のっくせんさー	ノックセンサー	cảm biến kích nổ	Knock sensor
のばす	伸ばす（延ばす）	mở rộng/ kéo dài ra	extend
のびる	伸びる	mở rộng/ kéo dài	extend
のべる	述べる	tuyên bố/ nói rõ	State
のろのろ	のろのろ	chầm chậm	Lazy
は	刃	lưỡi/ lưỡi dao	blade
ばあい	場合	Nếu/ trường hợp	case / occasion
はあく	把握	sự nắm vững/ sự hiểu biết	Grasp
ばーふぃーるどがたじょいんと	バーフィールド型ジョイント	khớp loại Bìield	Birfield type joint
ばい	倍	Gấp đôi	Double
はいあるかり	廃アルカリ	Chất thải kiềm	Waste alkali
はいえき	廃液	Chất lỏng thải	Waste liquid
ばいおでぃーぜる	バイオディーゼル	Dầu diesel sinh học	Boidiesel
ばいおねんりょう	バイオ燃料	Nhiên liệu sinh học	biofuel
ばいおぷらすてぃっく	バイオプラスチック	Nhựa sinh học	bio-plastic
はいがすさいじゅんかん	排ガス再循環	hệ thống tuần hoàn khí thải	Exhaust Gas Recirculation
はいき	廃棄	Bỏ/ vứt bỏ	Discard
はいきがす	排気ガス	Khí thải	Exhaust gas
はいきばるぶ	排気バルブ	Van xả	Exhaust valve
はいけい	背景	lý lịch/ bối cảnh/ phông nền	background
はいし	廃止	Bãi bỏ/ hủy bỏ	Abolition
はいしゃ	廃車	xe hết hạn sử dụng	End-of-Life Vehicle
はいしゅつ	排出	Phóng điện/ tháo điện	Discharge
はいしゅつべん	排出弁	Van xả/ van ra	Discharge valve

はいすい	排水	Thoát nước	Drainage
はいすいする	排水する	cống/ mương	drain
ばいすぷらいやー	バイスプライヤー	kìm vise	vise pliers
はいそうほう	廃掃法	luật xử lý ô nhiễm chất thải	law of waste pollution treatment
はいたいや	廃タイヤ	lốp xe bị bỏ rơi	Waste tire
はいち	配置	Vị trí	Placement
ぱいぷ	パイプ	ống/ ống dẫn	pipe
ばいふゅーえるしゃ	バイフユーエル車	xe nhiên liệu/ xr bi-fuel	bi-fuel vehicle
はいぶりっどいーしーゆー	ハイブリットECU	ECU lai	hybrid ECU
はいぶりっとしすてむ	ハイブリットシステム	hệ thống lai	hybrid system
はいぶりっどじどうしゃ	ハイブリッド自動車	Xe lai/ xe lai ghép	Hybrid Vehicle
はいぶりっどようとらんすあくする	ハイブリット用トランスアクスル	trans trục cho lai	hybrid trans axle
ぱいぷれんち	パイプレンチ	Cờ lê ống	pipe wrench
ばいりつ	倍率	phóng đại	magnification
はいりょ	配慮	Sự xem xét/ sự quan tâm	Consideration
はいれつ	配列	Mảng	Array
ぱいろっとふんしゃせいぎょ	パイロット噴射制御	kiểm soát tiêm thí điểm	pilot injection control
はいんりっひの「いつつのこま」	ハインリッヒの「五つの駒」	năm miếng của Heinrich	five pieces of Heinrich's law
はがす	はがす	Xé nhỏ/ bóc	Tear off
はかどる	はかどる	tiến bộ	Go up
はかる	計る（測る）	Đo lường	measure
はかる	量る	Cân nhắc	measure
はかる	バキュームポンプ	bơm chân không	Vacuum pump
はかる	図る	Kế hoạch	Plan
はぐ	剥ぐ	Bóc vỏ/ tróc vỏ	peel off
ばくぜんと	漠然と	Mơ hồ/ không rõ ràng	Vaguely
ばくはつ	爆発	nổ	explosion
はぐるま	歯車	Hộp số/ bánh răng	gear
はさみ	はさみ	Cây kéo	Scissors
はずす	外す	tháo rá/ xóa bỏ/ bỏ	remove
はたして	はたして	Có thật không/ thực	Really
はたらく	働き	Công việc	Work
はつがんせいぶっしつ	発がん性物質	Chất gây ung thư	Carcinogenicity
はっきん	白金	Bạch kim	Platinum
ぱっきん	パッキン	Đóng gói/ bao bì/ sự bịt kín	packing
ばっくみらー	バックミラー	kiếng chiếu hậu	rearview mirror
ばっくらっしゅ	バックラッシュ	Phản ứng dữ dội/ khe hở/ khoảng trống	backlash

はつぐん	抜群	Nổi bật/ đáng chú ý	Outstanding
はったつ	発達	phát triển	development
ばったり	ばったり	ngẫu nhiên gặp	with in thud
ばってりー	バッテリー	Pin / ắc quy	battery
ばってりーいーしーゆー	バッテリーECU	Pin ECU	battery ECU
ばってりーほうでんりつ	バッテリー放電率	Tỷ lệ xả pin	Discharge rate
はつでん	発電	Sản xuất điện/ phát điện	Power generation
はつでんき	発電機	Máy phát điện	Generator
はつねつ	発熱	phát nhiệt	Fever
ばなじうむ	バナジウム	Vanadi	Vanadium
はなす	離す	chia ra/ Để tách biệt	to separate
はなす	放す	mở ra / buông	throw open
はなはだ	はなはだ	rất	Very
はなはだしい	はなはだしい	mãnh liệt/ cực kỳ/ kinh khủng	Huge
ばねじょうすう	ばね定数	hằng lò xo	spring constant
はば	幅	chiều rộng/ bề rộng	width
はばひろい	幅広い	Rộng	Wide
はばむ	阻む	Ngăn chặn/ cahr trở	Prevent
はぶ	ハブ	moyayơ / tục bánh xe	Hub
はぶく	省く	Bỏ sót	Omit
はへん	破片	Mảnh vỡ	Debris
はまる	はまる	Vừa vặn ở đó	Fit there
はめこむ	はめ込む	dát vào	Inset
はめる	はめる	Đặt vào đó	Put in there
はやめる	早める	làm nhanh	Speed up
ばらじうむ	パラジウム	Palladium	Palladium
ばらまく	ばらまく	Tiêu tan/ phân tán	Scatter
ばられるしりーずはいぶりっどしすてむ	パラレルシリーズハイブリッドシステム	Hệ thống lai loạt song song	parallel series hybrid system
ばられるはいぶりっどしすてむ	パラレルハイブリッドシステム	Hệ thống hybrid song song	parallel hybrid system
ばらんす	バランス	thăng bằng	balance
ばらんすうぇいと	バランスウェイト	đối trọng / cân bằng trọng lượng	Balance weight
はり	針	cây kim	needle
はりがね	針金	dây kim loại	wire
ばりき	馬力	mã lực	horsepower
ばるぶくりあらんす	バルブクリアランス	độ hở van	Valve clearance
ばるぶとろにっく	バルブトロニック	Valvetronic/ van điện tử	Valvetronic
ばるぶりふぇーさー	バルブリフェーサー	máy mài van	Valve refacer

はれつ	破裂	vỡ	rupture
はろげんらんぷ	ハロゲンランプ	đèn halogen	Halogen lamp
ぱわー	パワー	quyền lực/ sức mạnh	power
ぱわーういんどもーた	パワーウインドモーター	động cơ cửa sổ điện	Power window motor
ぱわーとらんじすたー	パワートランジスター	tranzito công suất	Power transistor
ぱわーとれいん	パワートレイン	hệ thống truyền lực/ hệ thống động lực	Power train
ぱわすてぎあぼっくす	パワステギヤボックス	hộp trợ lực lái	Power steering gearbox
ぱわすてぽんぷ	パワステポンプ	bơm trợ lực lái	Power steering pump
はんおう	反応	phản ứng	reaction
ぱんくする	パンクする	Để đâm thủng	to puncture
はんけい	半径	bán kính	radius
ぱんけるえんじん	パンケルエンジン	Động cơ Wankel	Wankel engine
はんする	反する	Xâm phạm	Violate
はんだ	半田	hàn/ hợp kim hàn	solder
はんたい	反対	Sự đối lập	Opposition
はんだごて	半田ごて	sắt hàn/ mỏ hàn	soldering iron
はんだぺーすと	半田ペースト	nhựa hàn	Solder paste
はんだん	判断	Sự phán xét/ sự phán đoán	Judgment
はんだんする	判断する	quyết định	to decide
はんどうたい	半導体	chất bán dẫn	semi conductor
はんとけいまわり	反時計回り	Ngược chiều kim đồng hồ	counterclockwise
はんどる	ハンドル	xử lý/ bánh lái	handle
ばんのう	万能	Linh hoạt	Versatile
はんぱつ	反発	Mối thù ghét	Repulsion
はんふどうしきしゃじく	半浮動式車軸	Trục bán nổi/ trục nửa thoát tải	Semi-floating axle
ひいては	ひいては	bởi thế	as a result / furthermore
ひーとぽんぷ	ヒートポンプ	bơm nhiệt/ bơm hơi nóng	Heat pump
ひかく	比較	So sánh	Comparison
ひかくてき	比較的	Tương đối	Relatively
ぴかぴか	ピカピカ	Sáng bóng	Shiny
ひかる	光る	soi sáng	shine
ひきあげる	引き上げる	Kéo lên	Pull up
ひきおこす	引き起こす	nguyên nhân	cause
ひきざん	引き算	Phép trừ/ tính trừ	subtraction
ひきずる	引きずる	Kéo/ kéo lê	Drag
ひきだす	引き出す	rút/ lấy ra	Withdraw
ひく	引く	Kéo	Pull

ひくくする	低くする	Để hạ thấp / làm cho thấp	make low
ひごうほう	非合法	bất hợp pháp	illegal
ひさしぶり	久しぶり	lâu rồi không gặp	long time no see
ひじゅう	比重	trọng lượng riêng	specific gravity
びすかすかっぷりんぐ	ビスカスカップリング	Khớp nối nhớt	Viscous coupling
ぴすとん	ピストン	Piston	piston
ひずむ	歪む	Xuyên tạc	Distort
ひずんだ	ひずんだ	Căng thẳng/ bị méo/ bị cong	strained
ひたす	浸す	Ngâm	Soak
ひたすら	ひたすら	Tha thiết	Earnestly
ぴたり	ピタリ	Chính xác	Exactly
ひっかける	引っ掛ける	móc câu	hook
ひっくりかえす	ひっくり返す	bị lật ngược	turn over
ひつぜん	必然	Không thể tránh khỏi/ chắc chắn	Inevitably
ぴったり	ぴったり	Chính xác	Exactly
ぴっち	ピッチ	sân cỏ/ hắc ín	pitch
ひってき	匹敵	Đối thủ	Rival
ひっぱる	引っ張る	kéo	pull
ひつようふかけつ	必要不可欠	Thiết yếu	Essential
ひつようふきだしおんど	必要吹出温度	Nhiệt độ cần thiết để không khí thoát ra khỏi cửa ra	temperature air output
ひとしい	等しい	công bằng	equal
ひととおり	一通り	thông thường/ đại khái	One way
ひとまず	ひとまず	Tạm thời	for a while / for the time being
ひなもの	品物	hàng hóa	goods
ひなん	避難	Sơ tán	Evacuation
ぴにおんぎや	ピニオンギヤ	Bánh răng nhỏ	pinion gear
ひねる	ひねる	Xoắn	Twist
ひび	ひび	vết nứt	crack
びひん	備品	Trang thiết bị	Equipment
びみょう	微妙	tế nhị	subtle
ひやす	冷やす	làm lạnh	cool
ひゆ	比喩	Ẩn dụ	Metaphor
ひょう	表	bàn	table
ひょうか	評価	Đánh giá	Evaluation
びょうしゃ	描写	Chân dung	Portrayal
ひょうじゅん	標準	Tiêu chuẩn	standard
ひょうじゅんきかく	標準規格	Tiêu chuẩn	Standard

ひょうめん	表面	bề mặt	surface
ひょうめんしょり	表面処理	xử lý bề mặt	surface treatment
ひょっとすると	ひょっとすると	Có khả năng/ có thể	Possibly
ぴらー	ピラー	Trụ cột	Pillar
ひらく	開く	mở/ ngỏ	open
ひらざがね	平座金	Long đen phẳng	Plain washer
ひらたい	平たい	bằng phẳng	flat
ひりつ	比率	tỉ lệ	ratio
びりょう	微量	Số lượng rất nhỏ	Very small amount
ひれい	比例	Theo tỷ lệ	Proportional
ひろう	疲労	Mệt mỏi	fatigue
ひろげる	広げる	Để trải ra / lây lan	spread
びんかん	敏感	nhạy cảm	sensitive
びんこーど	VINコード	code số khung	Vehicle Identification Number cord
ひんじ	ヒンジ	Bản lề/ khớp nối	hinge
ひんしつ	品質	chất lượng	quality
ひんしつかんり	品質管理	Kiểm soát chất lượng	Quality Control
ひんぱん	頻繁	thường xuyên/ hay xảy ra	frequent
ふぁんしゅらうど	ファンシュラウド	vỏ che quạt	Fan shroud
ふぃーどぽんぷ	フィードポンプ	máy bơm cung cấp	Feed pump
ふぃーるどこいる	フィールドコイル	cuộn dây tạo trường/ cuộn kích từ	Field coil
ふいっち	不一致	sự bất đồng	Disagreement
ふぇらいとじしゃく	フェライト磁石	Nam châm Ferrite	Ferrite magnet
ふえる	増える	gia tăng	Increase
ふぇんだー	フェンダー	Chắn bùn	Fender
ふぉーみゅらーえすあーいー	フォーミュラーＳＡＥ	Công thức SAE	Fomular SAE
ふかい	深い	sâu/ khó lường/ trầm	deep
ふかけつ	不可欠	cần thiết	necessary
ふかさ	深さ	chiều sâu	depth
ふかのう	不可能	Không thể nào	impossible
ふかんぜん	不完全	chưa hoàn thiện	incomplete
ふかんぜんな	不完全な	chưa hoàn thiện/ chưa đầy đủ	incomplete
ふきそく	不規則	không thường xuyên	Irregular
ふきそくな	不規則な	Không thường xuyên	irregular
ふきとぶ	吹き飛ぶ	Thổi ra/ trồi bay đi	blow off
ふく	吹く	Thổi	to blow
ふく	拭く	lau/ chùi	wipe

ふくごう	複合	hỗn hợp	composite
ふくざつ	複雑	phức tạp	complexity
ふくすう	複数	Nhiều	Multiple
ふくまきでんどうき	複巻電動機	mô tơ đấu hỗn hợp	compound motor
ふくめる	含める	bao gồm	include
ふくらむ	膨らむ	Sưng lên	Swell
ふごう	符号	Ký tên	Sign
ふごうけいたい	符号形態	mã	code
ふさがった	ふさがった	Bị chặn/ bị kẹt	Blocked
ふさがる	塞がる	Đóng lên	Close up
ふさがれた	ふさがれた	Nó đã bị chặn	blocked
ふさぐ	ふさぐ	chặn/ đóng	to block
ふさわしい	相応しい	thích hợp	suitable
ふじゅうぶん	不十分	không đủ	insufficient
ふしょく	腐食	Ăn mòn	corrosion
ふすう	負数	Số âm	negative nambers
ふせいかくな	不正確な	Không chính xác	Inaccurate
ふせぐ	防ぐ	ngăn chặn	prevent
ふそく	不足	Sự thiếu	Shortage
ふぞくひん	付属品	phụ kiện	accessories
ふた	蓋	Nắp	lid
ふたたび	再び	lần nữa	again
ふたん	負担	gánh nặng	burden
ふちょう	不調	Buồn bã	Upset
ふとうえき	不凍液	Chất chống đông	Anti-freezing liquid
ぶひん	部品	các bộ phận	parts
ふやす	増やす	tăng	increase
ふゅーえるいんじぇくしょんぽんぷ	フューエルインジェクションポンプ	Máy bơm phun nhiên liệu	Fuel injection pump
ふゅーえるえれめんと	フューエルエレメント	Bộ lọc để loại bỏ vết bẩn nhiên liệu	Fuel element
ふゅーえるせるびーくる	フューエルセルビークル	xe pin nhiên liệu	Fuel Cell Vehicle
ふゅーえるたんく	フューエルタンク	bình thùng nhiên liệu	Fuel tank
ふゅーえるぽんぷ	フューエルポンプ	bơm nhiên liệu	Fuel pump
ふゆうりゅうしじょうぶっしつ	浮遊粒子状物質	Vật chất dạng hạt lơ lửng	Suspended Particulate Matter
ふらいほいーる	フライホイール	bánh đà	flywheel
ぷらいやー	プライヤー	kìm có răng	pliers
ぷらし	ブラシ	Bàn chải	Brush
ぷらすちっくはんまー	プラスチックハンマー	Búa nhựa	plastic hammer

ぷらすどらいばー	プラスドライバー	tuốc nơ vít Phillips	phillips screw driver
ぷらちな	プラチナ	Bạch kim	Platinum
ふらっくす	フラックス	tuôn ra/ sự trào ra	flux
ふらった	フラッタ	Chớp cánh/ vỗ cánh	flutter
ぷらねたりぎあ	プラネタリギア	bánh răng hành tinh	Planetary gear
ぷらぷら	ぷらぷら	Đi chơi	Hanging out
ふらんじ	フランジ	Mặt bích	Flange
ぷりてんしょなーつきしーとべると	プリテンショナー付きシートベルト	dây đai an toàn với pretensioners	preloaded
ふりょうひん	不良品	hàng hóa khiếm khuyết	Defective
ぷるいんこいる	プルインコイル	Cuộn dây kéo vào	Pull inn coil
ぶれーきあくちゅえーた	ブレーキアクチュエータ	bộ truyền động phanh	break actuator
ぶれーきあしすつしすてむ	ブレーキアシストシステム	hệ thống hỗ trợ phanh	break assist system
ぶれーききゃりばー	ブレーキキャリパー	bộ kẹp phanh	Brake caliper
ぶれーきぶーすたー	ブレーキブースター	bộ trợ lực phanh	Brake booster
ぶれーきふるーど	ブレーキフルード	Dầu phanh	Brake fluid
ぶれーきますたーしりんだ	ブレーキマスターシリンダー	xi lanh phanh chính	Brake master cylinder
ふれーむしゅうせいき	フレーム修正機	máy chỉnh sửa khung	Frame corrector
ふれきしぶるじょいんと	フレキシブルジョイント	khớp linh hoạt/ khớp nối đàn hồi	Flexible Joint
ふれつ	振れる	Rung chuyển	Shake
ぶろーばいがす	ブローバイガス	Khí sinh ra từ buồng quay của động cơ	Blow-by gas
ぷろぺらしゃふと	プロペラシャフト	trục bộ cánh quạt	Propeller shaft
ふろんかいしゅうき	フロン回収機	máy thu gom Freon	Freon collection machine
ふろんとがらす	フロントガラス	kính chắn gió xe	Front grass
ふろんとばんぱー	フロントバンパー	bội thu trước	Front bumper
ふろんとふぇんだー	フロントフェンダー	Chắn bùn trước	Front fender
ぶんかいする	分解する	Tháo rời / Để phân hủy	Disassemble
ふんしゃじき	噴射時期	Thời gian phun nhiên liệu	Injection timing
ふんしゃぽんぷ	噴射ポンプ	Máy bơm phun nhiên liệu	Injection pump
ふんじんこうがい	粉じん公害	ô nhiễm bụi	dust pollution
ぶんすう	分数	Phân số	Fraction
ぶんせき	分析	phân tích	analysis
ふんだん	ふんだん	Dồi dào	Abundant
ぶんぱいがたふんしゃぽんぷ	分配型噴射ポンプ	máy bơm phun loại phân phối	Distributor type injectin pump
ふんまつ	粉末	Bột	powder
ぶんりする	分離する	tách biệt ra/ tách rời ra	to separate
ぶんりょう	分量	Định lượng/ phân lượng	Quantity
ぶんるいする	分類する	Để phân loại	classify

べありんぐ	ベアリング	Vòng bi / Ổ đỡ trục	bearing
へいきん	平均	Trung bình cộng	average
へいきんな	平均な	Trung bình	average
へいこうな	平行な	Song song / tương đồng	Parallel
べいこくかんきょうほごちょう	米国環境保護庁	Cơ quan bảo vệ môi trường Hoa Kỳ	Environmental Protection Agency
べいこくじどうしゃようひんきょうかい	米国自動車用品協会	hiệp hội thiết bị ô tô Hoa Kỳ	Speciality Equipemnt Market Association
へいめん	平面	mặt phẳng/ bình diện	plane
へいれつ	並列	Song song, tương đồng	Parallel
へこむ	へこむ	lõm/ hằn xuống	to dent
へっどらいと	ヘッドライト	đèn pha/ đèn trước	Head light
べつべつ	別々	riêng biệt/ riêng rẽ từng cái	separately
へる	経る	Đi xuyên qua/ kình qua	Go through
へる	減る	giảm bớt	decrease
へんか	変化	thay đổi	change
へんしんの	偏心の	lập dị/ lệch tâm	eccentric
へんすう	**変数**	biến số	variable
ぺんち	ペンチ	cái kìm	pliers
べんちてすと	ベンチテスト	sự thử trên máy	Bench test
べんりな	便利な	Thuận tiện / Tiện lợi	convenient
ほいーる	ホイール	Bánh xe	Wheel
ほいーるいんもーたー	ホイールインモーター	Động cơ điện trong bánh xe	In-wheel motor
ぽいんと	ポイント	điểm	point
ぼう	棒	gậy	rod
ぼうおん	防音	Cách âm	Soundproof
ぼうか	防火	Phòng cháy chữa cháy	Fire protection
ぼうご	防護	Bảo vệ/ bảo hộ	protection
ほうこう	方向	phương hướng	direction
ほうこうしじき	方向指示器	Một thiết bị cho biết hướng xe đang chạy	Direction indicator
ほうこうへんかん	方向変換	đổi hướng	turn
ぼうし	防止	Phòng ngừa	Prevention
ほうしき	方式	phương pháp	method
ほうしゃ	放射	sự bức xạ	radiation
ほうしゅつ	放出	giải phóng	release
ほうそ	ホウ素	Bo	Boron
ほうそく	法則	pháp luật	law
ぼうだい	膨大	To lớn	Enormous
ほうち	放置	Bỏ mặc/ bỏ bê	Neglect

ぼうちょう	膨脹	sự bành trướng	expansion
ぼうちょうざい	膨張剤	đại lý bơm phồng	Inflator
ほうっておく	放っておく	để mặc nó/để bỏ đi như nó có	Leave it alone
ほうていしき	方程式	phương trình	equation
ぼうとう	冒頭	bắt đầu	beginning
ほうほう	方法	phương pháp	Method
ほうわ	飽和	Bão hòa	Saturation
ほーにんぐましん	ホーニングマシン	máy mài khuôn	Honing Machine
ぼーるじょいんと	ボールジョイント	khớp cầu	Ball joint unit
ぼーるすぷらいん	ボールスプライン	đường dẫn trượt bi	ball spline
ほーるでぃんぐこいる	ホールディングコイル	Cuộn dây điện từ để giữ tình trạng	Holding coil
ほきょう	補強	Gia cố/ tăng cường	Reinforcement
ほごする	保護する	Bảo vệ	Protect
ほごめがね	保護メガネ	Kính bảo hộ	Protective eyewear
ほこり	ほこり	Bụi / Bụi bặm	dust
ほしゅうする	補修する	Sửa chữa	to repair
ほじゅうする	補充する	làm đầy lại/ sự đổ đày lại	refill
ほそく	補足	Phần bổ sung	Supplement
ほどく	ほどく	Thư giãn/ tháo ra	Unwind
ほどく	解く	gỡ rối	solve
ほとんど	ほとんど	Hầu hết	Almost
ほぼ	ほぼ	Hầu hết	Almost
ぽりえちれんじゅし	ポリエチレン樹脂	Nhựa polyethylene	Polyethylene resin
ぽりえんかびにーる	ポリ塩化ビニール	clorua polyvinyl	Polyvinyl chloride
ぽりかーぼねーと	ポリカーボネート	Polycarbonate/ nhựa PC	Polycarbonate
ぽりびにーるぶちらーる	ポリビニールブチラール	Polyvinyl butyral	Polyvinyl butyral
ぽりぷろぴれん	ポリプロピレン	Polypropylene	Polypropylene
ぼると	ボルト	tiếng sét / ốc vit	bolt
ほんしつ	本質	Bản chất/ thực chất	Essence
ほんたい	本体	Cơ thể / Thân hình	body
ぼんねっと	ボンネット	nắp ca pô/ Mui xe	Bonnet
ほんの	ほんの	chỉ có	only
ぽんぴんぐろす	ポンピングロス	Sức mạnh của áp suất âm cướp đi mã lực của động cơ	pumping loss
ぽんぷ	ポンプ	máy bơm	pump
ぼんやり	ぼんやり	Mơ hồ	Vaguely
ほんらい	本来	Ban đầu/ khởi đầu	Originally
まいくろめーた	マイクロメータ	Thước micrômét.	Micrometer

まいすう	枚数	Số tờ	Number of sheets
まえおき	前置き	lời giới thiệu/ lời mở đầu	Introduction
まえもって	前もって	Trước	In advance
まぎらわしい	紛らわしい	gây nhầm lẫn	confusing
まく	膜	màng	film
まぐねしうむ	マグネシウム	Magiê	Magnesium
まぐねっとくらっち	マグネットクラッチ	Bộ ly hợp loại điện từ	Magnet clutch
まぐねっとすいっち	マグネットスイッチ	bộ chuyển mạch từ	Magnet switch
まげる	曲げる	bẻ cong/ uốn cong	bend
まごつく	まごつく	Bị nhầm lẫn	be confused
まごまご	まごまご	hoang mang/ lúng túng	to be upset / in confusion
まさか	まさか	Không đời nào	No way
まさつ	摩擦	ma sát	friction
まさつけいすう	摩擦係数	hệ số ma sát	friction coefficient
まして	まして	chưa kể/ huống chi	not to mention
ます	増す	làm tăng lên	Increase
まず	まず	Đầu tiên	First
ますたーしりんだー	マスターシリンダー	xi lanh chính	master cylinder
ますます	ますます	nhiều hơn và nhiều hơn nữa	more and more
まぜる	混ぜる	pha trộn	mix
まちまち	まちまち	Đa dạng	Various
まっしょうとうろく	抹消登録	Hủy đăng ký	Registration of Deletion
まっすぐな	まっすぐな	Thẳng	Straight
まにふぇすとせいど	マニフェスト制度	Hệ thống kê khai	manifest system
まにゅある	マニュアル	sổ tay	manual
まふらー	マフラー	bộ giảm âm	Muffler
まもうした	摩耗した	hư hỏng/ bị mòn	worn out
まもなく	間もなく	sắp/ chẳng bao lâu nữa	Soon
まもる	守る	bảo vệ	protect
まるい	丸い	tròn	round
まるくする	丸くする	Tròn	to round
まるくなった	丸くなった	Làm tròn	Rounded
まるちじどうしゃかいいたいき	マルチ自動車解体機	Máy tháo dỡ nhiều ô tô	Multi car dismantling machine
まるっきり	まるっきり	Hoàn toàn	Completely
まるまる	丸々	hoàn toàn	completely
まわす	回す	Để quay	turn
まわる	回る	quay	spin
まんいち	万一	Bởi bất kỳ cơ hội	By any chance
まんたん	満タン	đổ đầy bể	Full tank

まんなか	真ん中	ở giữa	middle
みおとす	見落とす	bỏ qua	overlook
みがく	磨く	đánh bóng	polish
みぞ	溝	rãnh	groove
みだしなみ	身だしなみ	chải lông	Grooming
みたす	満たす	làm trọn/ đổ đầy/ làm đầy	fulfill
みつど	密度	tỉ trọng/ tính dày đặc	density
みなもと	源	nguồn	source
みならい	見習い	học nghề	apprentice
みならう	見習う	Mô phỏng	Emulate
みにつける	身に付ける	để học	I learn
みほん	見本	mẫu vật	sample
みょう	妙	Kỳ lạ	Strange
みらーさいくるえんじん	ミラーサイクルエンジン	Động cơ chu kỳ Miller	Miller cycle engine
むいみ	無意味	Vô nghĩa	Meaningless
むかんけい	無関係	Không liên quan	Irrelevant
むげん	無限	Vô hạn/ không bờ bến	infinite
むげんだい	無限大	vô cực	Infinity
むじこ	無事故	Không có tai nạn	No accident
むじゅん	矛盾	Mâu thuẫn	Contradiction
むしろ	むしろ	Hơn	Rather
むすう	無数	Vô số	Countless
むせん	無線	không dây	wireless
むだん	無断	Không có sự cho phép	Without permission
むだんへんそくき	無段変速機	bộ truyền biến đổi liên tục	Continuous transmission
むちゃ	無茶な	vô lý	Unreasonable
むちゃくちゃ	無茶苦茶	lộn xộn/ rối bời	Unreasonable
むやみに	無闇に	vô kỷ luật/ một cách thiếu suy nghĩ	indiscreetly
むよう	無用	vô ích/ vô dụng	useless
むろん	無論	Tất nhiên	Of course
めいかく	明確	rõ ràng và chính xác	Clear
めいはく	明白	Hiển nhiên	Obvious
めいんりれーしすてむ	メインリレーシステム	Thiết bị chuyển tiếp chính/ Hệ thống rơ le chính	Main Relay System
めがねれんち	メガネレンチ	Cờ lê kết hợp/ chìa vặn hai đầu	conbination wrench
めざましい	目覚ましい	đáng chú ý	remarkable
めじるし	目印	điểm mốc	Landmark
めたのーるしゃ	メタノール車	Xe hơi methanol	Methanol Vehicle
めたん	メタン	Mêtan	Methane
めちゃくちゃ	滅茶苦茶	vô lý	absurd
めっき	メッキ	Xi mạ	Plating
めっきり	めっきり	đáng kể/ rõ ràng	remarkably

めったに	めったに	Ít khi	Rarely
めど	めど	Tiềm năng/ viễn cảnh	Prospect
めねじ	めねじ	ren vít trong	female thread
めもり	目盛り	Đọc quy mô	scale
めもりー	メモリー	Bộ nhớ / ký ức	memory
めやす	目安	Tiêu chuẩn	Standard
めんせき	面積	diện tích	area
めんてなんす	メンテナンス	bảo trì	maintenance
めんばー	メンバー	Thành viên	Member
もうてん	盲点	điểm mù	blind spot
もえる	燃える	cháy, bị đốt cháy	burn
もーたー	モーター	động cơ	motor
もーたーしょー	モーターショー	triển lãm mô tô	motor Show
もしくは	もしくは	Hoặc là	Or
もしも	もしも	Nếu	If
もたらす	もたらす	Mang đến	Bring
もちあげる	持ち上げる	Để nâng lên	lift
もちいる	用いる	Sử dụng	Use
もっとも	最も	phần lớn/ vô cùng/ cực kỳ	most
もっぱら	もっぱら	Duy nhất/ hầu hết	Exclusively
もどす	戻す	Để trở lại	return
もとづく	基づく	Dựa trên/ dựa vào	Based on
もともと	元々	ban đầu/ nguyên là	originally
もにたー	モニター	giám sát	monitor
ものこっくぼでぃー	モノコックボディー	Khung gầm và thân xe được tích hợp	Monocoque body
ものすごい	物凄い	Tuyệt vời/ gây sửng sốt	Awesome
もはや	もはや	không còn	no longer
もほう	模倣	Sự bắt chước	Imitation
もりぶでん	モリブデン	Molypden	Molybdenum
もれ	漏れ	Rò rỉ	leakage
もれる	漏れる	Để rò rỉ	to leak out
もろい	もろい	Giòn/ dễ gãy	Brittle
もろに	もろに	hoàn toàn/ hầu	All around
もんきーれんち	モンキーレンチ	Mỏ lết điều chỉnh	monkey wrench
やがて	やがて	Cuối cùng	Eventually
やきいれされた	焼き入れされた	dập tắt	quenched
やく	約	trong khoảng	about
やくわり	役割	vai trò	role
やけに	やけに	Vô tình	Unknowingly
やじるし	矢印	Mũi tên	Arrow
やすり	やすり	Tập tin/ cái giũa	file

やっと	やっと	Cuối cùng	Finally
やはり	やはり	cũng thế	also
やむをえなう	やむを得ない	Không thể tránh khỏi	Unavoidably
ややこしい	ややこしい	Gây nhầm lẫn	Confusing
やりかた	やり方	cách thức/ cách làm	manner
やるき	やる気	Động lực/ sự thúc đẩy	Motivation
やわらかい	柔らかい	Mềm	soft
ゆあつの	油圧の	bằng thủy lực	hydraulic
ゆういぎな	有意義な	Có ý nghĩa	Meaningful
ゆうこう	有効	có hiệu quả	Effectiveness
ゆーざー	ユーザー	người sử dụng	user
ゆうしゅうな	優秀な	Tuyệt vời	excellent
ゆうじゅうふだん	優柔不断	Do dự	Indecision
ゆうせん	優先	sự ưu tiên	priority
ゆうどう	誘導	Hướng dẫn	Induction
ゆうどく	有毒	Có độc	Poisonous
ゆうり	有利	thuận lợi/ hữu lợi	advantageous
ゆうりょうな	優良な	rất tốt	excellent
ゆえに	故に	vì thế	Therefore
ゆがむ	歪む	Xuyên tạc	Distort
ゆがんだ	ゆがんだ	Bị biến dạng	distorted
ゆすぐ	濯ぐ	rửa sạch/ súc	rinse
ゆだん	油断	tính cẩu thả	Be alert
ゆとり	ゆとり	không gian tự do	Clear space
ゆにばーさるじょいんと	ユニバーサルジョイント	Universal joint/ khớp nối các đãng	Universal joint
ゆびさす	指さす	Chỉ trỏ	Pointing
ゆらい	由来	Gốc/ nguồn	Origin
ゆるい	ゆるい	Lỏng lẻo/ không chặt	loose
ゆるむ	緩む	Nới lỏng/ lỏng lẻo/ giảm	Loosen
ゆるめる	緩める	nới lỏng	loosen
ゆるやか	緩やか	Lỏng lẻo/ nhẹ nhàng	Loose
ようい	容易	Dễ dàng	Easy
ようい	用意	Sự chuẩn bị	Preparation
よういん	要因	nguyên nhân tố	Factor
ようえいき	溶液	giải pháp/ dung dịch	solution
ようざい	溶剤	dung môi	solvent
ようじん	用心	Coi chừng/ dụng tâm	Beware
ようするに	要するに	Nói ngắn gọn	in short
ようせき	容積	âm lượng	volume
ようそ	要素	thành phần/ nhân tố	element
ようてん	要点	Điểm	Point

ようと	用途	Sử dụng/ ứng dụng	Use
ようやく	ようやく	cuối cùng	at last
ようりょう	容量	sức chứa/ dung lượng	capacity
ようりょう	要領	Điểm/ bảng tóm tắt	Point
ようれい	用例	thí dụ	example
よぎなく	余儀なく	Không thể tránh khỏi	Inevitably
よけい	余計	Thêm/ thừa thãi	Extra
よごれた	汚れた	bị bẩn	dirty
よごれる	汚れる	Làm bẩn	Get dirty
よしあし	善し悪し	tốt hay xấu	good or bad
よしゅう	予習	Sự chuẩn bị	Preparation
よす	止す	Dừng lại	Stop
よち	余地	chỗ/ nơi	room
よち	予知	Sự dự đoán	Prediction
よって	よって	vì thế	Therefore
よび	予備	dự trữ/ dự bị	Reserve
よぶん	余分	phần thừa/ phần thêm	extra
よほど	余程	Nhiều	Much
よむ	読む	đọc	read
らじえーた	ラジエータ	Bộ tản nhiệt	Radiator
らじえーたきゃっぷ	ラジエータキャップ	Nắp bộ tản nhiệt	Radiator cap
らじえーたぐりる	ラジエータグリル	Tản nhiệt lưới tản nhiệt	Radiator grille
らちぇっと	ラチェット	bánh cóc	ratchet
らっくあんどぴにおんすてありんぐ	ラックアンドピニオンステアリング	hệ cơ cấu lái loại Rack &Pinion	Rack & Pinion Steering
らんりゅう	乱流	bất ổn/ dòng chảy rối	turbulent
りいんふぉーすめんと	リインフォースメント	Tăng cường	Reinforcement
りざーばーたんく	リザーバータンク	Bể nước lưu trữ	Reserver tank
りさいくる	リサイクル	Tái chế	Recycle
りさいくるぶひん	リサイクル部品	các bộ phận tái chế	Recycle parts
りさいくるりょうきん	リサイクル料金	phí tái chế	Recycling fee
りすく	リスク	rủi ro	risk
りちゅうむいおんでんち	リチウムイオン電池	Pin lithium-ion	Litium-ion battery
りてーなー	リテーナー	Các bộ phận hỗ trợ	retainer
りでゅーす	リデュース	giảm/ giảm bớt	Reduce
りてん	利点	lợi thế/ chỗ lợi	advantage
りにあくどうあくちゅえーた	リニア駆動アクチュエータ	Thiết bị truyền động tuyến tính	linear drive actuator
りにあしんごうせんさ	リニア信号センサ	Cảm biến tín hiệu tuyến tính	linear signal sensor
りびるとえんじん	リビルトエンジン	Tái tạo động cơ	Re-built Engine
りびるとぶひん	リビルト部品	Tái sản xuất các bộ phận	Re-built parts
りふじん	理不尽	không hợp lý	unreasonable
りむ	リム	Vành	rim

りゅうかすいそ	硫化水素	hyđro sunfua	Hydrogen sulfide
りゆーす	リユース	Tái sử dụng	Reuse
りょうがわ	両側	hai bên/ cả hai mặt	both sides
りょうきょく	両極	Lưỡng cực	Bipolar
りょうりつ	両立	Khả năng tương thích	Compatibility
りろん	理論	học thuyết	theory
りんきょ	輪距	Bánh xe tầm/ khoảng cách giữa bánh xe	Tread
りんぐぎや	リングギヤ	Vòng bánh/ vòng răng bánh đà	ring gear
れあめたる	レアメタル	Kim loại hiếm	Rare metal
れいきゃくすい	冷却水	Nước làm mát	Cooling water
れいばいがす	冷媒ガス	Khí để làm mát / ga lạnh	Refrigerant gas
れこじゃぱん	ＲＥＣＯジャパン	RECO Nhật bản	RECO Japan
れしぷろえんじん	レシプロエンジン	động cơ kiểu qua lại	reciprocating engine
れっかした	劣化した	xấu đi/ hư hỏng	deteriorated
れんぞく	連続	Tiếp diễn/ liên tiếp	Continuous
ろーるばー	ロールバー	Ống bảo vệ xe trong trường hợp bị ngã	Roll bar
ろくに	ろくに	Nói chung	In general
ろっかーかばー	ロッカーカバー	Bao thanh truyền	Rocker cover
ろっど	ロッド	gậy	rod
ろんぐらいふくーらんと	ロングライフクーラント	Long Life Coolant(LLC)	Long Life Coolant
ろんり	論理	Hợp lý/ lôgic	logic
ろんりしんごうせんさ	論理信号センサ	cảm biến tín hiệu logic	logic signal sensor
わいぱーもーたー	ワイパーモーター	Động cơ gạt nước kính chắn gió	wiper motor
わく	枠	khung	frame
わざと	わざと	Có chủ đích	Purposely
わざわざ	わざわざ	Làm phiền	Bother
わずらわしい	わずらわしい	Làm phiền/ phiền toái	Annoying
わっくす	ワックス	sáp	wax
わりざん	割り算	sự phân chia	division
われめ	割れ目	Điểm nứt	Cracking point

ベトナム語	ひらがな	漢字表記	英語表記
năm miếng của Heinrich	はいんりっひの「いつつのこま」	ハインリッヒの「五つの駒」	five pieces of Heinrich's law
bên/ phía	そば	側	~ side
7 tốc độ hướng dẫn sử dụng chế độ kiểm soát	ななそくまにゅあるもーどせいぎょ	7速マニュアルモード制御	Seven speed manual mode control
amiăng	いしわた	石綿	asbestos
ampe kế	でんりゅうけい	電流計	Ammeter
an toàn là trên hết	せーふてぃふぁーすと	セーフティファースト	safety first
AT loại điều khiển bằng điện	でんしせいぎょしきえーてぃー	電子制御式 AT	Electronic control type AT
Autobahn/xa lộ	あうとばーん	アウトバーン	autobahn
axit nitric	しょうさん	硝酸	nitric acid
À chính nó đấy/ quả vậy	なるほど	なるほど	So that's it
Ác quy ô tô Hybrid	えっちぶいばってりー	HVバッテリー	HV battery
Ánh sáng nhỏ	すもーるらいと	スモールライト	Small light
Áp dụng áp lực	かつりょくをくわえる	圧力を加える	apply pressure
áp lực bên	そくあつ	側圧	lateral pressure
áp lực giao hàng	そうしゅつあつりょく	デリバリプレッシャ	delivery pressure
Áp lực nước	すいあつ	水圧	Water pressure
Áp suất âm	ねがてぃぶぷれっしゃ	ネガティブプレッシャ	Negative pressure
Áp suất đo từ vị trí chân không	ぜったいあつ	絶対圧	absolute pressure
áp suất không khí	たいきあつ	大気圧	atmospheric pressure
áp suất lốp	たいやぷれっしゃ	タイヤプレッシャ	tire pressure
Áp suất thấp	ていあつ	低圧	Low pressure
ảnh hưởng tiêu cực	あくえいきょう	悪影響	negative influence
ắc quy	でんち	電池	battery
Ác quy	なまりちくでんち	鉛蓄電池	Lead acid battery
Ăn mòn	ふしょく	腐食	corrosion
Ăng ten rút	てれすこぴっくあんてな	テレスコピックアンテナ	Telescopic antenna
Ăng-ten	あんてな	アンテナ	antenna
âm ấm/ nguội	ぬるい	ぬるい	Lukewarm
âm lượng	ようせき	容積	volume
âm lượng/ thể tích	たいせき	体積	volume
âm thanh Roaring/ Tiếng gầm	うなりおん	うなり音	roar sound
âm thanh truyền	でんたつん	伝達音	Transmitted sound
ẩm thấp/ hơi ẩm	しっけ	湿気	moisture
Ẩn dụ	ひゆ	比喩	Metaphor
ba cách	すりーうえい	スリーウェイ	three way
Ba hành động của dòng điện	でんりゅうのさんさよう	電流の三作用	Three actions of electric current
ba pha	すりーふぇーず	スリーフェーズ	three phase
Bạch kim	はっきん	白金	Platinum
Bạch kim	ぷらちな	プラチナ	Platinum
Bài giảng/ thuyết giáo	せっきょう	説教	Sermon

Vietnamese	Hiragana	Japanese	English
Bãi bỏ/ hủy bỏ	はいし	廃止	Abolition
Bãi đậu xe	ちゅうしゃじょう	駐車場	Parking Lot
Ban chỉ đạo giảm xóc	すてありんぐだんぱ	ステアリングダンパ	steering damper
ban đầu	しょき	初期	initial
Ban đầu/ khởi đầu	ほんらい	本来	Originally
ban đầu/ nguyên là	もともと	元々	originally
bàn	ひょう	表	table
Bàn chải	ぶらし	ブラシ	Brush
bàn chải chéo	だいあごなるぶらし	ダイアゴナルブラシ	diagonal brush
Bàn chải sợi carbon	かーぼんぶらし	カーボンブラシ	carbon brush
Bàn chải tiếp tuyến	せっせんぶらし	接線ブラシ	tangential brush
bàn đạp ga	あくせるぺだる	アクセルペダル	accel pedal
Bàn thử	てすとべんち	テストベンチ	Test bench
bàn xoay	かいてんだい	回転台	turn table
bán đấu giá	おーくしょん	オークション	auction
bán kính	はんけい	半径	radius
Bán kính quay	かいてんはんけい	回転半径	turning radius
bán kính quay	たーにんぐらじあす	ターニングラジアス	turning radius
bán tự động	せみおーとまちっく	セミオートマチック	semi automatic
Bản chất/ thực chất	ほんしつ	本質	Essence
Bản lề	ちょうつがい	ちょうつがい	hinge
Bản lề/ khớp nối	ひんじ	ヒンジ	hinge
Bản vẽ thiết kế	せっけいず	設計図	design drawing
bảng chỉ rõ	しようしょ	仕様書	Specification
bảng đấu gạch ngang	だしゅぱねる	ダッシュパネル	dash panel
Bảng điều khiển	いんすとるめんとぱねる	インストルメントパネル	instrument panel
bảng gạch ngang/bảng điều khiển	だっしゅぼーど	ダッシュボード	dash board
bảng hiệu đăng ký	とうろくふおうしき	登録標識	Registration mark
Bánh	すぷろけっと	スプロケット	sprocket
bánh cóc	らちぇっと	ラチェット	ratchet
bánh đà	ふらいほいーる	フライホイール	flywheel
bánh răng bên ngoài	そとはぎあ	外歯ギヤ	external tooth gear
Bánh răng cưa nhỏ vi sai	でぃふぁれんしゃるぴにおん	ディファレンシャルピニオン	Differential pinion
bánh răng điều phối	たいみんぐぎや	タイミングギヤ	timing gear
bánh răng hành tinh	ぷらねたりぎあ	プラネタリギア	Planetary gear
bánh răng hình đĩa/ đĩa mài	でぃすくほいーる	ディスクホイール	Disc wheel
Bánh răng không phải là bên truyền công suất động cơ	どりぶん	ドリブン	driven
Bánh răng mặt trời	さんぎあ	サンギア	sun gear
Bánh răng mặt trời	たいようはぐるま	太陽歯車	sun gear
bánh răng ngành/ bánh răng sector	せくたぎや	セクタギヤ	sector gear
Bánh răng nhỏ	ぴにおんぎや	ピニオンギヤ	pinion gear

bánh răng thứ hai	せかんどぎや	セカンドギヤ	second gear
Bánh răng vi sai	でぃふぁれんしゃるぎや	ディファレンシャルギヤ	Differential gear
bánh răng vi sai	でふ	デフ	Diff. = Differential gear
bánh răng vi sai	でふぎあ	デフギア	Diff-gear
bánh trước	ぜんしゃりん	前車輪	front wheels
Bánh trước lái	ぜんりんくどう	前輪駆動	front wheel drive
Bánh xe	しゃりん	車輪	Wheel
Bánh xe	ほいーる	ホイール	Wheel
bánh xe 2 mảnh	つーぴーすほいーる	ツーピースホイール	Two piece wheel
bánh xe phaỉ động	くどうりん	駆動輪	driving wheel
Bánh xe tầm/ khoảng cách giữa bánh xe	りんきょ	輪距	Tread
bánh xe tuabin	たーびんほいーる	タービンホイール	turbine wheel
bánh ze nan hoa	すぼーくほいーる	スポークホイール	spoke wheel
bao gồm	ふくめる	含める	include
Bao quanh/ chung quanh	しゅうい	周囲	Surrounding
Bao thanh truyền	ろっかーかばー	ロッカーカバー	Rocker cover
Báo động chống trộm	とうなんけいほうき	盗難警報機	Anti-theft alarm
bảo hiểm thiệt hại	そんがいほけん	損害保険	damage insurance
Bảo trì	せいび	整備	maintenance
bảo trì	めんてなんす	メンテナンス	maintenance
Bảo vệ	ほごする	保護する	Protect
bảo vệ	まもる	守る	protect
Bảo vệ/ bảo hộ	ぼうご	防護	protection
Bão hòa	ほうわ	飽和	Saturation
bay hơi/ bốc hơi	じょうはつ	蒸発	evaporation
băng dính	たーぷ	テープ	tape
băng ghế dự bị máy khoan/ máy khoan để bàn	たくじょうぼーるばん	卓上ボール盤	bench drilling machine
bằng cách nào đó	なんだか	何だか	somehow
bằng cách nào đó/ bằng cách này cách khác	なんとか	何とか	somehow
Bằng cấp / Mỗi lần	ど	度	degree / Every time
Bằng không khí nén	あっしゅつくうきによる	圧縮空気による	by compressed air
Bằng phẳng	たいらな	平らな	Flat
bằng phẳng	ひらたい	平たい	flat
bằng thủy lực	ゆあつの	油圧の	hydraulic
Bận	たぼう	多忙	Busy
Bẩn	きたない	きたない	dirty
Bẩn dầu	あぶらでよごれた	油で汚れた	dirty with oil
bất cứ thứ gì	なんでも	何でも	anything
bất đầu	ぼうとう	冒頭	beginning
bất hợp pháp	ひごうほう	非合法	illegal
Bất lợi	けってん	欠点	disadvantage

bất ổn/ dòng chảy rối	らんりゅう	乱流	turbulent
Bật	つく	点く	Turn on
Bật	つける	点ける	Turn on
bẻ cong/ uốn cong	まげる	曲げる	bend
bề mặt	ひょうめん	表面	surface
bệ quay/ khung quay	どりー	ドリー	dolly
Bể nước lưu trữ	りざーばーたんく	リザーバータンク	Reserver tank
bên	そくめん	側面	side
bên cạnh	かたわら	傍ら	beside
bên ngoài	がいぶの	外部の	external
Bên ngoài / ở ngoài	そとがわの	外側の	outside
Bệnh mãn tính	じびょう	持病	Chronic illness
bị bẩn	よごれた	汚れた	dirty
Bị biến dạng	ゆがんだ	ゆがんだ	distorted
Bị chặn/ bị kẹt	ふさがった	ふさがった	Blocked
bị cháy/ cháy	こげる	焦げる	burn
Bị hạ xuống	ていかした	低下した	declined
Bị hỏng / Sụp đổ	くずれた	くずれた	broken / collapsed
bị lật ngược	ひっくりかえす	ひっくり返す	turn over
Bị nhầm lẫn	まごつく	まごつく	Be confused
Bị tắc	つまった	詰まった	clogged
Bị trì hoãn/ ứ	とどこうる	滞る	Be delayed
biến dạng đàn hồi	だんせいへんけい	弾性変形	elastic deformation
biến dạng dẻo	そせいへんけい	塑性変形	plastic deformation
biến số	へんすう	変数	variable
biện pháp/ đối sách	たいおう	対策	Measures
Biển số xe	なんばぷれーと	ナンバプレート	License plate
Biến tần	いんばーた	インバータ	inverter
biết	しる	知る	know
biết rồi	しっている	知っている	know
biểu đồ	だいあぐらむ	ダイアグラム	diagram
biểu đồ hiệu suất lái xe	そうこうせいのうせんず	走行性能線図	driving performance diagram
biểu thời gian	たいむてーぶる	タイムテーブル	time table
bình cứu hỏa	しょうかき	消火器	fire extinguisher
bình nước rửa kính	ういんどうぉっしゃーたんく	ウインドウォシャータンク	windou washer tank
bình thùng nhiên liệu	ふゅーえるたんく	フューエルタンク	Fuel tank
bình thường	せいじょう	正常	normal
Bình thường	つうじょう	通常	Normal
Bình xăng	がそりんたんく	ガソリンタンク	petrol tank
bít/ sự cản	ちょーきんぐ	チョーキング	choking
Bo	ほうそ	ホウ素	Boron

Bó lại	たばねる	束ねる	Bundling
Bọc lại	つつむ	包む	Wrap
Bỏ mặc/ bỏ bê	ほうち	放置	Neglect
Bỏ sót	はぶく	省く	Omit
bỏ qua	みおとす	見落とす	overlook
Bỏ/ vứt bỏ	はいき	廃棄	Discard
Bóc vỏ/ tróc vỏ	はぐ	剥ぐ	peel off
bóng bán dẫn loại giao lộ	せつごうがたとらんじすた	接合型トランジスタ	junction transistor
bóng đèn	でんきゅう	電球	light bulb
bóng đèn tiếp xúc đơn	たんせってんでんきゅう	単接点電球	Single contact bulb
boong/ bông tàu	でっき	デッキ	deck
bọt biển	すぽんじ	スポンジ	sponge
bộ	すえつける	据え付ける	set
bộ biến mômen	とるくこんばーた	トルクコンバータ	Torque converter
Bộ cảm biến phát hiện va chạm	くらっしゅでてくしょんせんさ	クラッシュディテクションセンサ	crash detection sensor
Bộ chế hòa khí	きゃぶれーた	キャブレータ	carburetor
bộ chỉnh lưu selen	せれんせいりゅうき	セレンレクチファイア	selenium rectifier
Bộ chuyển đổi mô-men xoắn / bộ biến mômen	とるこん	トルコン	Torque converter
bộ chuyển đổi xúc tác ô tô	しょくばい	触媒	automotive catalytic convertor
bộ chuyển mạch từ	まぐねっとすいっち	マグネットスイッチ	Magnet switch
Bộ công cụ	つーるきっと	ツールキット	Tool kit
Bộ đất đai, cơ sở hạ tầng và giao thông vận tải	こっこうしょう	国交省	Ministry of Land, Infrastructure, Transport and Tourism
Bộ đếm thời gian đơn vị kiểm so át	たいまーこんとろーるゆにっと	タイマコントロールユニット	timer control unit
bộ điều chỉnh	ちょうせいき	調整器	regulator
bộ điều chỉnh bằng khí nén	にゅーまちっくがばな	ニューマチックガバナ	Pneumatic governor
bộ điều chỉnh CNG	しーえぬじーれぎゅれーた	ＣＮＧレギュレータ	CNG regulator
bộ điều chỉnh loại transistor	とらんじすたしきれぎゅれーた	トランジスタ式レギュレータ	Transistor type regulator
bộ điều chỉnh slack	すらっくあじゃすた	スラックアジャスター	slack adjuster
bộ điều khiển áp suất đường ray chung	こもんれるあつりょくせいぎょ	コモンレール圧力制御	common-rail pressure control
bộ điều tốc	ちょうそくき	調速機	governor
bộ định vị ga	すろっとるぽじしょな	スロットルポジショナ	throttle positioner
bộ đo bán kính quay	たーにんぐらじあすげーじ	ターニングラジアスゲージ	turning radius gauge
bộ dò khuyết tật siêu âm	ちょうおんぱたんしょうき	超音波探傷機	ultrasonic flaw detector
bộ ghép	かぷらー	カプラー	coupler
Bộ ghép ngắn mạch tự động	かんせいろっくしきかぷら	慣性ロック式カプラ	inertia rock type coupler
bộ giảm âm	まふらー	マフラー	Muffler
bộ giảm xóc	しょっくあぶそーばー	ショックアブソーバ	shock absorber
bộ hãm phụ kép	でゅおさーぼぶれーき	デュオサーボブレーキ	Duo servo brake
bộ kéo căng	てんしょなー	テンショナー	Tensioner
bộ kẹp phanh	ぶれーききゃりぱー	ブレーキキャリパー	Brake caliper

bộ khuếch đại	ぞうふくき	増幅器	amplifier
bộ kiểm tra phát hiện tiếng ồn	のいずかんしちてすた	ノイズ感知テスタ	Noise detection tester
bộ làm mát liên	いんたーくーらー	インタークーラー	inter cooler
bộ làm xì hơi	でぃふれーた	ディフレータ	Deflator
Bộ lọc để loại bỏ vết bẩn nhiên liệu	ふゅーえるえれめんと	フューエルエレメント	Fuel element
bộ lọc hạt động cơ diesel	でぃーぜるこくえんひりゅうしじょきょそうち	ディーゼル微粒子除去装置	Diesel Particulate Filter
Bộ lọc than hoạt tính	ちゃこーるきゃにすたー	チャコールキャニスター	Charcoal canister
Bộ ly hợp loại điện từ	まぐねっとくらっち	マグネットクラッチ	Magnet clutch
bộ ly kết nhiều đĩa	たばんくらっち	多板クラッチ	multiple disc clutch
bộ máy	そうち	装置	apparatus
bộ nạp	ちゃーじゃー	チャージャー	Charger
bộ ngắt điện(động cơ)	だんぞくき	断続器	contact braker
Bộ nhớ / ký ức	めもりー	メモリー	memory
Bộ phận bên ngoài/ bộ phận hậu mãi	しゃがいぶひん	社外部品	aftermarket parts
bộ phân chia	ですびー	デスビー	Distributor
bộ phận điều chỉnh	あじゃすたー	アジャスター	adjuster
bộ phận dự phòng	すぺあぱーつ	スペアパーツ	Spare parts
Bộ phận hàng không	えあろぱーつ	エアロパーツ	aero parts
bộ phần hệ thống truyền động	くどうけいぶひん	駆動系部品	Drive train parts
bộ phận nén turbo / bộ tăng áp	たーぼちゃーじゃー	ターボチャージャー	turbocharger
bộ phận ngoại thất	がいそうぶひん	外装部品	outer parts
bộ phân phối	ですとりびゅーたー	デストリビューター	Distributor
bộ phận tái chế	さいりようぶひん	再利用部品	recycle parts
Bộ phận xử lý trung tâm	ちゅうおうしょりそうち	中央処理装置	Central Processing Unit
bộ phát tín	そうしんき	送信器	transmitter
bộ phun đường ray chung	こもんれーるいんじぇくた	コモンレールインジェクタ	Injector for common-rail
bộ pin khô	どらいばってり	ドライバッテリ	Dry battery
Bộ sạc	じゅうでんき	充電器	Charger
Bộ siêu tăng áp	すーぱーちゃーじゃー	スーパーチャージャー	supercharger
Bộ siêu tăng áp ly tâm	せんとりふゅーがるすーぱーちゃーじゃー	セントリフューガルスーパーチャージャー	centrifugal supercharger
Bổ sung / thêm vào	たしざん	足し算	addition
Bộ tản nhiệt	らじえーた	ラジエータ	Radiator
bộ tản nhiệt kiểu ống	ちゅーぶらーらじえーた	チューブラーラジエータ	tubular radiator
bộ trợ lực phanh	ぶれーきぶーすたー	ブレーキブースター	Brake booster
bộ truyền biến đổi liên tục	むだんへんそくき	無段変速機	Continuous transmission
bộ truyền động mạch đầu ra	しゅつりょくかいろくどうあくちゅえーた	出力回路駆動アクチュエータ	output circuit drive actuator
bộ truyền động phanh	ぶれーきあくちゅえーた	ブレーキアクチュエータ	break actuator
bôi nhọ/ vết ố/ rỉ ra	にじむ	にじむ	Smear
Bôi trơn khô	どらいさんぶるじゅんかつ	ドライサンプ潤滑	Dry sump lubrication
bội thu trước	ふろんとばんぱー	フロントバンパー	Front bumper
Bột	ふんまつ	粉末	powder

Bởi bất kỳ cơ hội	まんいち	万一	By any chance
bởi thế	ひいては	ひいては	as a result / furthermore
bơm cấp	さぷらいぽんぷ	サプライポンプ	supply pump
bơm chân không	はかる	バキュームポンプ	Vacuum pump
bơm dộng cơ	えんしんぽんぷ	エンシンポンプ	centrifugal pump
bơm hơi kép	でぃあるいんふれーた	デュアルインフレータ	dual inflator
bơm màng	だいあふらむぽんぷ	ダイアフラムポンプ	diaphragm pump
bơm nhiên liệu	ふゅーえるぽんぷ	フューエルポンプ	Fuel pump
Bơm nhiên liệu điện	でんきしきふゅーえるぽんぷ	電気式フューエルポンプ	Electric fuel pump
bơm nhiệt/ bơm hơi nóng	ひーとぽんぷ	ヒートポンプ	Heat pump
Bơm phun nhiên liệu loại điều khiển điện tử	でんしせいぎょしきねんりょうふんしゃぽんぷ	電子制御式燃料噴射ポンプ	Electronically controlled fuel injection pump
bơm trợ lực lái	ぱわすてぽんぷ	パワステポンプ	Power steering pump
Bơm Trochoid	とろこいどぽんぷ	トロコイドポンプ	Trochoid pump
bơm tuần hoàn	たーびんぽんぷ	タービンポンプ	turbin pump
Búa cao su	ごむはんまー	ゴムハンマー	rubber hammer
Búa nhựa	ぷらすちっくはんまー	プラスチックハンマー	plastic hammer
Búa thử	てんけんはんま	テストハンマ	Test hammer
búa trượt	すらいでぃんぐはんま	スライディングハンマ	sliding hammer
búa trượt	すらいどはんま	スライドハンマー	slide hammer
Bugi	すぱーくぷらぐ	スパークプラグ	spark plug
Bugi	てんかせん	点火栓	Spark plug
bugi / Đánh lửa Hung	てんかぷらぐ	点火プラグ	Spark plug
bugi sấy nóng loại cực siêu nhanh	ちょうきゅうそくはつねつがたぐろぶらぐ	超急速発熱型グローブラグ	Ultra-quick type glaw plug
Bụi / Bụi bặm	ほこり	ほこり	dust
bụi băm	しゅれだだすと	シュレッダダスト	shredder dust
bụi bặm	だすと	ダスト	dust
bùn	すらっじ	スラッジ	sludge
Bùn/ lầy bùn	ぬかるみ	ぬかるみ	Muddy
buộc	しばる	縛る	Tie
Buồn bã	ふちょう	不調	Upset
buồng	ちゃんば	チャンバ	chamber
buồng đốt đa hình cầu	たきゅうがたねんしょうしつ	多球型燃焼室	multi-spherical type combustion chamber
Buồng đốt loại nhiều van	たばるぶがたねんしょうしつ	多バルブ型燃焼室	multi-valve type combusion cahmber
buồng xoáy	すわーるちゃんば	スワールチャンバ	swirl chamber
Bức vẽ/ lớp phủ ngoài	とそう	塗装	Painting
Bước đi	とれっど	トレッド	Tread
Cả ngày	しゅうじつ	終日	All day
các bộ phận	ぶひん	部品	parts
Các bộ phận hỗ trợ	りてーなー	リテーナー	retainer
Các bộ phận kéo càng xích để phù hợp với thời gian của động cơ	たいみんぐちぇんてんしょなー	タイミングチェーンテンショナー	timing chain tensioner
các bộ phận tái chế	りさいくるぶひん	リサイクル部品	Recycle parts

các cánh tuabin	たーびんぶれーど	タービンブレード	turbine blade
Các định luật hai của nhiệt động lực học	ねつりきがくだいにほうそく	熱力学第二法則	Second Thermodynamic Law
Các hợp chất phân tử cao	こうぶんしかごうぶつ	高分子化合物	high polymer compound
Các thay đổi ở một khối lượng cố định (không gian)	とうようへんか	等容変化	Isometric change
cạc-bon đi-ô-xít	にさんかたんそ	二酸化炭素	Carbon Dioxide
Cách âm	ぼうおん	防音	Soundproof
Cách nhiệt / Bị cô lập	ぜつえんの	絶縁の	insulated
cách sử dụng	しようほう	使用法	how to use
cách thức/ cách làm	やりかた	やり方	manner
cài đặt	せっていんぐ	セッティング	setting
Cài đặt/ thành lập	せつび	設置	Installation
cái gì cơ	なんて	なんて	What
Cái gọi là	いわゆる	いわゆる	So-called
cái kìm	ぺんち	ペンチ	pliers
cái mở ống bằng xích / chìa vặn ống xích	ちぇーんぱいぶれんち	チェーンパイプレンチ	chain pipe wrench
cái thước	じょうぎ	定規	ruler
Cái vặn vít	ねじ回し	ねじ回し	screwdriver
Cải tiến	じょうたつした	上達した	Improved
Calipers/ thước kẹp	のぎす	ノギス	calipers
Càng nhiều càng tốt	なるべく	なるべく	As much as possible
Cánh tay Knuckle	なっくるあーむ	ナックルアーム	Knuckle arm
Cánh tay trên	あっぱーあーむ	アッパーアーム	upper arm
cam bên	そくめんかむ	側面カム	side cam
cam diễn xuất trực tiếp	ちょくどうカム	直動カム	direct acting cam
Cam tiếp tuyến	せっせんかむ	接線カム	tangential cam
cảm biến	せんさ	センサ	sensor
cảm biến an toàn	せーふぃんぐせんさ	セーフィングセンサ	safing sensor
Cảm biến áp suất nổ	ねんあつせんさ	燃圧センサ	Explosion pressure sensor
Cảm biến bức xạ mặt trời	にっしゃせんさ	日射センサ	Solar radiation sensor
cảm biến gia tốc	あくせられーしょんせんさ	アクセラレーションセンサ	acceleration sensor
Cảm biến góc độ tay lái	だかくせんさ	舵角センサ	steering angle sensor
Cảm biến không khí bên trong	ないきせんさ	内気センサ	Inner air sensor
cảm biến kích nổ	のっくせんさー	ノックセンサー	Knock sensor
cảm biến lái	すてありんぐせんさ	ステアリングセンサ	steering sensor
cảm biến loại tiếp xúc	せってんしきせんさ	接点式センサ	contact type sensor
Cảm biến mô men EPS	いーぴーえすとるくせんさ	ＥＰＳトルクセンサ	EPS Torque Sensor
Cảm biến nhiệt độ	てんぱれちゃせんさ	テンパレチャセンサ	Temperature sensor
cảm biến nhiệt độ nổ	ねんおんせんさ	燃温センサ	Explosion temperature sensor
cảm biến oxy	おーつーせんさー	Ｏ２センサ~	O2 sensor
cảm biến tín hiệu logic	ろんりしんごうせんさ	論理信号センサ	logic signal sensor

cảm biến tín hiệu tần số	しゅうはすうしんごうせんさ	周波数信号センサ	frequency signal sensor
Cảm biến tín hiệu tuyến tính	りにあしんごうせんさ	リニア信号センサ	linear signal sensor
Cảm biến tốc độ EPS	いーびーえすしゃそくせんさ	EPS車速センサ	EPS Speed Sensor
cảm biến tuabin	たーびんせんさ	タービンセンサ	turbine sensor
Cảm biến va chạm mặt bên	そくめんしょうとつせんさ	側面衝突センサ	side impact sensor
cảm biến vệ tinh	さてらいとせんさ	サテライトセンサ	satellite sensor
Cảm biến vị trí bàn đạp ga	あくせるぺだるぽじしょんせんさ	アクセルペダルポジションセンサ	accel pedal position sensor
Cảm biến vị trí van tiết lưu	すろっとるぽじしょんせんさ	スロットルポジションセンサ	throttle position sensor
Cảm ơn	どうも	どうも	Thanks
Cảm thấy/ xúc giác	しょかん	触感	Feel
Cảm ứng điện từ	でんじゆうどうさよう	電磁誘導作用	Electromagnetic induction
Cảm ứng tĩnh điện	せいでんゆうどう	静電誘導	electrostatic induction
cảm ứng tương hỗ	そうごいんだくたんす	相互インダクタンス	mutual inductance
cảm ứng tương hỗ	そうごゆうどう	相互誘導	mutual induction
Camber âm	ねがてぃぐきゃんば	ネガティブキャンバ	Negative camber
camera quan sát phía sau	こうほうかんしかめら	後方監視カメラ	rear view inspection camera
Cao đẳng ô tô Nhật Bản	にぽんじどうしゃだいがっこう	日本自動車大学校	Nihon Automobile College
Cao su tự nhiên	てんねんごむ	天然ゴム	Natural rubber
Cao su xoắn	とーしょなるごむ	トーショナルゴム	Torsional rubber
Cạo bỏ	けずりとる	削り取る	shave off
Cáp xoắn ốc	さばいらるけーぶる	スパイラルケーブル	spiral cable
cáp xoắn ốc	すばいらるけーぶる	スパイラルケーブル	spiral cable
carbon	たんそ	炭素	carbon
Carbon dioxide / khí axid cacbonic	たんさんがす	炭酸ガス	carbonic acid gas
Carburizing thép	しんたんこう	浸炭鋼	cement steel
Caster tiêu cực	ねがてぃぶきゃすた	ネガティブキャスタ	Negative Caster
cắm phát sáng gốm	せらみっくぐろーぷらぐ	セラミックグローブラグ	ceramic glow plug
cắm vào / chèn	さしこむ	差し込む	to plug in / insert
căn chỉnh	あらいめんと	アライメント	alignment
căn chỉnh	いちれつにそろえる	一列にそろえる	alignment
Căn chỉnh/ đồng đều	そろえる	揃える	Align
cắn nhau / Lưới thép	かみあう	噛み合う	to engage / mesh
Căng thẳng bên trong/ biến dạng trong	ないぶひずみ	内部ひずみ	Internal strain
Căng thẳng/ bị méo/ bị cong	ひずんだ	ひずんだ	strained
Cặp đôi phụ	にじぐうりょく	二次偶力	Secondary couple
cặp xoắn	ついすとぺあ	ツイストペア	twist pair
cắt	きる	切る	to cut
Cắt	せつだん	切断	Cutting
cắt	せんだん	せん断	shear
cắt	たつ	断つ	cut off
cắt ra	きりとる	切り取る	cut out

Cắt thành 3D và mở rộng mỗi bên để tạo chế độ xem phẳng	てんかいず	展開図	Development view
Cấm vào	しんにゅうきんし	進入禁止	No entry
Cân bằng động bánh xe	だいなみっくほいーるばらんす	ダイナミックホイールバランス	dynamic wheel demonstrator
cân nặng	じゅうりょう	重量	weight
Cân nhắc	はかる	量る	measure
cần thiết	ふかけつ	不可欠	necessary
Cẩn thận	しんちょう	慎重	Careful
cấp độ	すいじゅん	水準	level
Câu hỏi	しつもん	質問	Question
Câu hỏi	しゅつだい	出題	Question
Câu trả lời	とうあん	答案	Answer
Cấu hình	せってい	設定	Configuration
cấu trúc đơn vị	たんたいこうぞう	単体構造	unit structure
cẩu thả/ lỏng chỏng	ぞんざいな	ぞんざいな	careless
cây búa	かなづち	金槌	hammer
Cây kéo	はさみ	はさみ	Scissors
cây kim	にーどる	ニードル	needle
cây kim	はり	針	needle
Cây viết nguệch ngoạc	けがきぼう	けがき棒	scribble stick
Centimet	せんちめーとる	センチメートル	Centimeter
Cetan	せたん	セタン	Cetane
CFC cụ thể	とくていふろん	特定フロン	Specific CFC
chà nhám đĩa	でぃすくさんだ	ディスクサンダ	Disk sander
chải lông	みだしなみ	身だしなみ	Grooming
Chạm	せっする	接する	Touch
Chạm tới/ đạt tới	たっする	達する	Reach
chảo dầu	おいるぱん	オイルパン	oil pan
cháy	かさい	火災	fire
cháy, bị đốt cháy	もえる	燃える	burn
Chảy	ながれる	流れる	flowing
chảy ra/ tan ra	とける	溶ける	melt
chạy	そうこう	走行	Running
chạy kháng	そうこうていこう	走行抵抗	running resistance
Chạy vào	ならしうんてん	慣らし運転	Running-in
Chắc chắn	だんぜん	断然	Definitely
Chắc chắn	てっきり	てっきり	Definitely
Chắc chắn rồi	ぜったい	絶対	Absolutely
Chắn bùn	ふぇんだー	フェンダー	Fender
chắn bùn bên trong	いんなーふぇんだー	インナーフェンダー	inner fender
Chắn bùn trước	ふろんとふぇんだー	フロントフェンダー	Front fender
Chắn bùn/ tấm chắn bùn	どろよけ	泥除け	Mudguard

chặn/ đóng	ふさぐ	ふさぐ	to block
chặt chẽ / Khó khăn	きつい	きつい	tight
chầm chậm	のろのろ	のろのろ	Lazy
chậm lại/ diễn tiến chậm	じょうこう	徐行	slow down
chậm rãi	ずるずると	ずるずると	Sly
chân	しゃんく	シャンク	shank
Chân dung	びょうしゃ	描写	Portrayal
chân không	しんくう	真空	vacuum
chân tướng	しんそう	真相	truth
Chẩn đoán	しんだん	診断	Diagnosis
chẩn đoán	だいあぐのーしす	ダイアグノーシス	diagnosis
chất bán dẫn	せみこんだくた	セミコンダクタ	semi conductor
chất bán dẫn	はんどうたい	半導体	semiconductor
Chất cách điện	ぜつえんたい	絶縁体	insulator
Chất chống đông	ふとうえき	不凍液	Anti-freezing liquid
Chất điện phân	でんかいえき	電解液	Electrolyte
chất gây ô nhiễm không khí	たいきおせんぶっしつ	大気汚染物質	air pollutant
Chất gây ung thư	はつがんせいぶっしつ	発がん性物質	Carcinogenicity
chất lỏng CVT	しぶいてぃーふるーど	ＣＶＴフルード	CVT fluid
Chất lỏng thải	はいえき	廃液	Waste liquid
Chất lượng	そしつ	素質	character / nature
chất lượng	ひんしつ	品質	quality
Chất lượng tốt	じょうしつ	上質	high quality
chất tẩy rửa	せんじょう	洗剤	detergent
Chất thải kiềm	はいあるかり	廃アルカリ	Waste alkali
chất xơ	せんい	繊維	fiber
Chất xúc tác ba chiều	さんげんしょくばい	三元触媒	three way catalyst
Che/ đậy	かぶせる	かぶせる	cover
Chế biến đặc biệt	とくしゅかこう	特殊加工	Special processing
Chế biến/ xử lý	しょり	処理	processing
chế độ lái	そうぐうもーど	走行モード	driving mode
Chế độ tốc độ thấp	ていそくもーど	低速モード	Low speed mode
chế độ/ hệ thống	せいど	制度	system
Chế tạo	せいぞう	製造	Manufacturing
chéo	たいかくの	対角の	diagonal
chéo rãnh loại CV doanh	くろすぐるーぷがたとうそくじょいんと	クロスグループ型等速ジョイント	cross groove type CV joint
Chì	なまり	鉛	Lead
Chỉ	しめす	示す	show
chỉ có	ほんの	ほんの	only
chỉ có/đến cuối cùng	あくまで	あくまで	Thoroughly
Chỉ đạo trung lập	にゅーとらるすてあ	ニュートラルステア	Neutral steer

Chỉ định	してい	指定	Designation
Chỉ huy/ chỉ thị	しれい	指令	Command
chỉ là	たんなる	単なる	mere
Chỉ ra	してきする	指摘する	Pointed out
chỉ số quay số	だいやるいんじけーた	ダイヤルインジケータ	dial indicator
Chi tiết	しょうさい	詳細	The details
Chỉ trỏ	ゆびさす	指さす	Pointing
Chia lưới bánh răng ở tốc độ cao nhất	とっぷぎや	トップギア	Top gear
chia ra/ Để tách biệt	はなす	離す	to separate
Chia sẻ xe	かーしゃりんぐ	カーシェアリング	car sharing
Chiếm	しめる	占める	Occupy
Chiếm hữu/ sở hữu	しょゆう	所有	Possession
chiến lược	せんりゃう	戦略	strategy
chiết áp tiết lưu	すろっとるぼてんしょめーた	スロットルポテンショメータ	throttle potentiometer
chiều cao / độ cao	たかさ	高さ	height
chiều cao mặt đất	ちじょうだか	地上高	ground height
chiều cao tổng thể	ぜんこう	全高	total height
chiều dài	ながさ	長さ	length
chiều dài đầy đủ	ぜんちょう	全長	full length
chiều kim đồng hồ / theo chiều kim đồng hồ	とけいまわり	時計回り	clockwise
Chiều rộng đầy đủ	ぜんぷく	全幅	overall width
chiều rộng/ bề rộng	はば	幅	width
chiều sâu	ふかさ	深さ	depth
Chính chuyển tiếp	しすてむめいんりれー	システムメインリレー	system main relay
Chính/ chuyên môn	せんこう	専攻	Major
chính xác	せいかく	正確	correct
Chính xác	せいかくな	正確な	accurate
Chính xác	せいみつ	精密	precision
chính xác	ちょうど	丁度	exactly
Chính xác	てきかく	的確	Accurate
Chính xác	ぴたり	ピタリ	Exactly
Chính xác	ぴったり	ぴったり	Exactly
Chỉnh lưu toàn sóng	ぜんはせいりゅう	全波整流	full-wave rectification
chỉnh lý	せいり	整理	arrangement
Chịu đựng	たえる	耐える	Endure
cho đi qua	とおす	通す	Pass through
cho vay	かしだし	貸し出し	lending
cho vay	かす	貸す	lend
chọn đòn bẩy	せれくとればー	セレクトレバー	select lever
chopper	ちょっぱー	チョッパー	chopper
chopper động cơ điện	ちょっぱーもーたー	チョッパーモーター	chopper motor

chồng lên	かさねる	重ねる	pile up
chốc lát	しゅんかん	瞬間	moment
chống ăn mòn	たいしょくせい	耐食性	corrosion resistance
chốt cài cửa	どあきゃっち	ドアキャッチ	Door catch
chỗ/ nơi	よち	余地	room
chỗ bị mẻ / Rỗng	くぼみ	くぼみ	indentation / hollow
chơi	あそび	遊び	play
Chớp cánh/ vỗ cánh	ふらった	フラッタ	flutter
Chu kỳ áp suất thấp	ていあつさいくる	低圧サイクル	Low pressure cycle
Chu kỳ của thể tích không đổi (không gian)	とうようさいくる	等容サイクル	Isometric cycle
Chu kỳ isobaric	とうあつさいくる	等圧サイクル	Isobaric cycle
Chu trình diesel	でぃーぜるさいくる	ディーゼルサイクル	Diesel cycle
Chủ đề	すれっど	スレッド	thread
Chủ quan	しゅかん	主観	Subjectivity
Chủ yếu	しゅよう	主要	Main
chuck xử lý	ちゃっくはんどる	チャックハンドル	chuck handle
Chung/ tổng quát	ぜんぱん	全般	General
chủng loại	しゅるい	種類	type
chuỗi	ちぇーん	チェーン	chain
chuỗi căng thẳng / thiết bị keo căng xích	ちぇーんてんしょな	チェーンテンショナ	chain tensioner
chuỗi khối / hệ ròng rọc	ちぇーんぶろっく	チェーンブロック	chain block
chuỗi lốp	たいやちぇーん	タイヤチェーン	tire chain
Chuỗi phù hợp với thời gian của động cơ	たいみんぐちぇーん	タイミングチェーン	timing chain
chuyên dùng/ độc quyền sử dụng	せんよう	専用	designated
Chuyên môn	せんもん	専門	Specialty
Chuyền nhau	すれ違い	すれ違い	Passing each other
chuyến đi khứ hồi	おうふく	往復	round trip
chuyển	うつす	移す	transfer
Chuyển đổi	てんかん	転換	Conversion
Chuyển đổi (hệ thống lái)	こんばーた	コンバータ（ハイブリットシステム）	converter
chuyển đổi ổ đĩa thiết bị truyền động	すいっちくどうあくちゅえーた	スイッチ駆動アクチュエータ	switch drive actuator
chuyển động/ động tác	どうさ	動作	motion
Chuyển giao	とらんすふぁ	トランスファ	Transfer
chưa hoàn thiện	ちゅうとはんぱ	中途半端	Incomplete
chưa hoàn thiện	ふかんぜん	不完全	incomplete
chưa hoàn thiện/ chưa đầy đủ	ふかんぜんな	不完全な	incomplete
chưa kể/ huống chi	まして	まして	not to mention
chữa khỏi	なおす	直す	cure
chức năng	かんすう	関数	function
chưng cất	じょうりゅう	蒸留	distillation

Chứng chỉ	しょうめいしょ	証明書	Certificate
chứng cớ	しょうこ	証拠	evidence
Chứng minh	しょうめいする	証明する	Prove
clorua polyvinyl	ぽりえんかびにーる	ポリ塩化ビニール	Polyvinyl chloride
Co lại	ちぢまる	縮まる	Shrink
Có chủ đích	わざと	わざと	Purposely
Có độc	ゆうどく	有毒	Poisonous
có giá trị	かちがある	価値がある	worth it
có hạt mịn	きめこまかな	きめ細かな	fine-grained
có hiệu quả	ゆうこう	有効	Effectiveness
Có khả năng/ có thể	ひょっとすると	ひょっとすると	Possibly
Có lẽ	おそらく	おそらく	Probably
có nghĩa/ phương pháp	しゅだん	手段	means
Có thật không/ thực	はたして	はたして	Really
Có thể tách ra	だっちゃくできる	脱着できる	Can be detached
Có thể tháo rời	でぃたっちゃぶる	ディタッチャブル	Detachable
có tính tiêu cực	しょうきょくてき	消極的	Negative
Có trật tự/ trong thứ tự tốt	せいぜんと	整然と	Orderly
Có ý định	するつもり	するつもり	Intend to
Có ý nghĩa	ゆういぎな	有意義な	Meaningful
code số khung	ぴんこーど	VINコード	Vehicle Identification Number cord
Coi chừng/ dụng tâm	ようじん	用心	Beware
compa đo phanh đĩa	でぃすくぶれーききゃりぱー	ディスクブレーキキャリパー	Disc brake caliper
con lăn căng/ puli căng	てんしょんぷーり	テンションプーリ	Tension pulley
con lăn tappet	たぺっとろーら	タペットローラ	tappet roller
Con số	すうじ	数字	Number
cố định/ giữ nguyên	こていする	固定する	fix
Cố định bằng ốc vít	ねじでとめる	ネジで止める	secure with screws
cổ góp	せいりゅうし	整流子	commutator
Cổ phiếu chết/ hàng ế	でっどすとっく	デッドストック	Dead stock
côn	てーぱー	テーパー	taper
công bằng	ひとしい	等しい	equal
công cụ kim cương / dao tiện kim cương	だいあもんどつーる	ダイアモンドツール	diamond tool
Công nhận	しょうちする	承知する	Be aware
Công tắc an toàn trung tính	にゅーとらるせふてぃーすいっち	ニュートラルセーフティスイッチ	Neutral safety switch
Công tắc bật/tắt/ công tắc lật	とぐるすいっち	トグルスイッチ	Togule switch
Công tắc cửa	どあすいっち	ドアスイッチ	Door switch
công tắc điện	すいっち	スイッチ	switch
công tắc điện từ	それのいどすいっち	ソレノイドスイッチ	solenoid switch
Công tắc hẹn giờ	でぃれいすいっち	ディレイスイッチ	Delay switch
công tắc Inhibider	いんひびだーすいっち	インヒビダースイッチ	inhibitor switch

công tắc lật / công tắc bật	たんぶらすいっち	タンブラスイッチ	tumbler switch
Công tắc trung tính	にゅーとらるすいっち	ニュートラルスイッチ	Neutral switch
công tắc trượt	すらいどすいっち	スライドスイッチ	slide switch
Công tắc van tiết lưu	すろっとるすいっち	スロットルスイッチ	throttle switch
Công thức SAE	ふぉーみゅらーえすあーいー	フォーミュラーＳＡＥ	Fomular SAE
công tơ mét	そくどけい	速度計	speedometer
Công việc	はたらく	働き	Work
Công việc văn phòng	じむ	事務	Office work
cồng kềnh	かさばむ	かさばむ	bulk
cống/ mương	はいすいする	排水する	drain
Cộng hưởng	きょうしん	共振	resonance
Cộng hưởng/ đồng cảm	きょうめい	共鳴	resonance
Cổng thu phí/ cửa thu thuế	とーるげーと	トールゲート	Toll gate
cốt lõi	しん	芯	core
cơ chế choke	ちょーくきこう	チョーク機構	choke mechanism
cơ chế khóa vi sai trung tâm	せんたでふろっくきこう	センタデフロック機構	center differential lock mechanism
Cơ chế phân chia quyền lực	どうりょくぶんかつきこう	動力分割機構	Drive division mechanism
Cơ chế tạo tín hiệu đánh lửa	てんかしんごうはっせいきこう	点火信号発生機構	Ignition signal generation mechanism
Cơ chế van	どうべんきこう	動弁機構	Valve mechanism
Cơ quan bảo vệ môi trường Hoa Kỳ	べいこくかんきょうほごちょう	米国環境保護庁	Environmental Protection Agency
Cơ thể / Thân hình	ほんたい	本体	body
cơ thể trung tâm mạng tinh thể	たいしんりっぽうこうし	体心立方格子	body-centered cubic lattice
cờ kiểm tra	ちぇっかふらっぐ	チェッカフラッグ	checker flag
cờ lê	すぱな	スパナ	spanner
cờ lê đầu ống 12 giác	じゅうかくそけっとれんち	１２角ソケットレンチ	12 square socket wrench
Cờ lê hình chữ T	てぃーがたれんち	Ｔ形レンチ	T-shaped wrench
Cờ lê kết hợp	こんびねーしょんすぱな	コンビネーションスパナ	combination spanner
Cờ lê kết hợp/ chìa vặn hai đầu	めがねれんち	メガネレンチ	conbination wrench
Cờ lê lực/ cờ lê đo lực	とるくれんち	トルクレンチ	Torque Wrench
Cờ lê ống	ぱいぷれんち	パイプレンチ	pipe wrench
Cờ lê ổ cắm	そけっとすぱな	ソケットスパナ	socket spanner
Cờ lê ổ cắm	そけっとれんち	ソケットレンチ	socket wrench
Cờ lê ổ cắm Torx	とるくすそけっとれんち	トルクスソケットレンチ	Torx socket wrench
cờ lê tác động	いんぱくとれんち	インパクトレンチ	impact wrench
cờ lê tappet	たぺっとすぱな	タペットスパナ	tappet spanner
cờ lê tappet	たぺっとれんち	タペットレンチ	tappet wrench
crank ròng rọc	くらんくぷーり	クランクプーリー	crank pulley
cú đấm chính diện	せんたぱんち	センタパンチ	center punch
cú đấm chính diện	せんたぽんち	センタポンチ	center punch
Của đó/ trong thời gian đó	そのうち	その内	Of that
cục/ miếng	かたまり	塊り	lump

Cung cấp	ぎょうきゅう	供給	supply
cũng thế	やはり	やはり	also
Cuộc đua kéo/ cuộc đua xe hơi	どらっぐりんく	ドラッグレース	Drag race
cuộc gọi lốp	たいやのよび	タイヤの呼び	tire call
Cuối cùng	しまいに	終いに	At the end
Cuối cùng	とうとう	とうとう	Finally
Cuối cùng	やがて	やがて	Eventually
Cuối cùng	やっと	やっと	Finally
cuối cùng	ようやく	ようやく	at last
Cuộn dây cố định	すてーたー	ステーター	stator
Cuộn dây đánh lửa	いぐにしょんこいる	イグニッションコイル	ignition coil
cuộn dây điện từ	それのいどこいる	ソレノイドコイル	solenoid coil
Cuộn dây điện từ để giữ tình trạng	ほーるでぃんぐこいる	ホールディングコイル	Holding coil
Cuộn dây kéo vào	ぷるいんこいる	プルインコイル	Pull inn coil
cuộn dây nối tiếp	ちょくれつコイル	直列コイル	series coil
cuộn dây phát hiện lỗ hổng	たんしょうこいる	探傷コイル	flaw detection coil
cuộn dây tạo trường/ cuộn kích từ	ふぃーるどこいる	フィールドコイル	Field coil
Cuộn dây thứ cấp	にじこいる	二次コイル	Secondary coil
Cuộn thứ cấp	にじまきせん	二次巻き線	Secondary winding
Cụp/ chảy nhỏ giọt/ vong xuống	たれる	垂れる	Hang down
Cưa	のこぎり	のこぎり	saw
cưa cắt kim loại/Cưa vàng	かなきりのこぎり	金切のこぎり	hacksaw
Cửa	どあ	ドア	Door
Cửa điều chỉnh gió	ういんどれぎゅれーた	ウインドレギュレータ	wind regulator
Cửa hàng lớn bán lẻ	でぃーらー	ディーラー	Dealer
cửa quét khí xả	そうきこう	掃気口	scavenging port
Cửa sổ thủy tinh	ういんどがらす	ウインドガラス	wind glass
cửa tiệm/ cửa hiệu	しょっぷ	ショップ	shop
Cửa trang trí/ Tấm ốp cửa	どあとりむ	ドアトリム	Door trim
cực âm	いんきょく	陰極	negative pole
Cứng	えきいれされた	焼き入れされた	hardened
cứng	かたい	硬い	hard
Cứng	かたまる	固まる	harden
Cứu giúp	てつだう	手伝う	help
D Jetronic	でーじぇとろにっく	Dジェトロニック	D Jetronic
D13 chế độ	でぃーじゅうさんもーど	D13モード	D13 mode
Dài và ngắn	ちょうたん	長短	Long and short
Dải phân cách	でぃすとりびゅーた	ディストリビュータ	Distributor
Dám	あえて	あえて	dare to
Dạng sóng điện áp tín hiệu đánh lửa	てんかしんごうでんあつはけい	点火信号電圧波形	Ignition signal voltage waveform
dạng tín hiệu	しんごうけいたい	信号形態	signal form

dao tiện kim cương	だいあもんどどれっさ	ダイアモンドドレッサ	damond dresser
dát vào	はめこむ	はめ込む	Inset
Dẻo dai/ mềm dẻo	しなやか	しなやか	Supple
Dầm cửa/ thanh cản phía cửa	どあびーむ	ドアビーム	Door beam
dần dần	じょじょに	徐々に	gradually
dần dần	そろそろ	そろそろ	gradually
Dần dần	だんだん	段々	Gradually
dần dần/ đều đều	ちゃくちゃくと	着々と	steadily
dẫn đến/ hiểu rõ	つうじる	通じる	Communicate
dập tắt	やきいれされた	焼き入れされた	quenched
dầu	せきゆ	石油	oil
dầu bánh răng	ぎやおいる	ギヤオイル	gear oil
Dầu diesel sinh học	ばいおでぃーぜる	バイオディーゼル	Boidiesel
Dầu động cơ	えんじんおいる	エンジンオイル	engine oil
dầu dumping	だんぴんぐおいる	ダンピングオイル	dumping oil
dầu hỏa	とうゆ	灯油	kerosene
Dầu phanh	ぶれーきふるーど	ブレーキフルード	Brake fluid
dầu tăng	おいるあがり	オイル上がり	oil rising
Dầu thủy lực	すぴんどるおいる	スピンドルオイル	spindle oil
dấu	しるし	印	mark
dấu aI	あいまーく	合いマーク	aI mark
dấu ngoặc	かっこ	括弧	brackets
Dấu thập phân	しょうすうてん	小数点	decimal point
dấu thời gian	たいみんぐまーく	タイミングマーク	timing mark
Dấu vết/ theo dấu	たどる	たどる	Trace
dày	あつい	厚い	thick
dây an toàn	しーとべると	シートベルト	seatbelt
dây an toàn	せーふてぃべると	セフティーベルト	safety belt
dây crom niken	にくろむせん	ニクロム線	Nicrome wire
dây đai an toàn với pretensioners	ぷりてんしょなーつきしーとべると	プリテンショナー付きシートベルト	preloaded
Dây đai thép	すちーるべると	スチールベルト	steel belt
dây đát	あーすこーど	アースコード	earth cord
Dây điện	でんせん	電線	Electrical wire
dây kim loại	はりがね	針金	wire
dây mát	あーすけーぶる	アースケーブル	earth cable
Dây nối/ dây kéo dài	えんちょうこーど	延長コード	extension cord
dây tóc vonfram	たんぐすてんふぃらめんと	タングステンフィラメント	tungsten filament
Dễ bị mất	かけやすい	欠けやすい	easy to lose
dễ cầm	てがるな	手軽な	Handy
Dễ dàng	たやすい	たやすい	Easy
Dễ dàng	ようい	容易	Easy

Dễ dàng để phá vỡ / Mong manh	くだけやすい	砕けやすい	easy to break / fragile
di chuyển	うごかす	動かす	move
Dịch chuyển	とらんすあくする	トランスアクスル	Transaxle
Dịch vụ mạng neo (Công ty tái chế máy tính cá nhân lớn nhất)	あんかーねっとわーくさーびす	アンカーネットワークサービス	Anchor network service
Dính	ねばねばした	ねばねばした	Sticky
dính khí đốt tự nhiên xe	きゅうちゃくてんえんがすじどうしゃ	吸着天然ガス自動車	adhesive natural gas vehicle
Dịu dàng/ nhẹ nhàng	そっと	そっと	Gently
Do dự	ためらう	ためらう	Hesitate
Do dự	ゆうじゅうふだん	優柔不断	Indecision
dò rỉ dầu	おいるさがり	オイル下がり	oil falling
Dọc	すいっちょくの	垂直の	vertical
Dọc / Theo chiều dọc	すいちょくな	垂直な	vertical
dọc đường	とちゅう	途中	On the way
Dọn dẹp/ dọn gàng	せいとんする	整頓する	tidy up
Dọn dẹp/ sạch sẽ	せいけつ	清潔	Clean
Dọn sạch	かたずける	片づける	clear up
Dòng/ đường/hàng	せん	線	line
Dòng điện	でんりゅう	電流	Electric current
dòng điện một chiều	だいれくとかれんと	ダイレクトカレント	direct current
dòng điện một chiều	ちょくりゅう	直流	direct current
Dồi dào	ふんだん	ふんだん	Abundant
Dốc	しゃめん	斜面	Slope
Dù sao	とにかく	とにかく	Anyways
dù sao	ともかく	ともかく	anyway
dung động	しょうげき	衝動	impulse
Dung môi	そるべんと	ソルベント	solvent
dung môi	ようざい	溶剤	solvent
dụng cụ	つーる	ツール	tool
dụng cụ	どうぐ	道具	tool
dụng cụ trượt	すらいでいんぐぎや	スライダーギヤ	sliding gear
dụng cụ/ công cụ	こうぐ	工具	tool
Duy nhất/ hầu hết	もっぱら	もっぱら	Exclusively
Dư thừa/ vượt quá	ちょうか	超過	Excess
dự trữ/ dự bị	よび	予備	Reserve
Dựa trên/ dựa vào	もとづく	基づく	Based on
Dưới cùng/ cạnh đáy	ていへん	底辺	Bottom
đa dạng	しゅしゅ	種々	varied
Đa dạng	たような	多様な	Various
Đa dạng	まちまち	まちまち	Various
Đa tạp	いんてーくまにほーるど	インテークマニホールド	intake maniforld
đá khô/ cacbon đioxyt đậm đặc	どらいあいす	ドライアイス	dry ice

97

đá mài	といし	砥石	whetstone
đã qua/ trải qua	たつ	経つ	Pass
Đã sẵn sàng/ đã rồi	すでに	すでに	Already
đai an toàn	あんぜんべると	安全ベルト	safety belt
Đại khái	だいたい	大体	Roughly
đại lý bơm phồng	ぼうちょうざい	膨張剤	Inflator
Đại tu	おーばーほーる	オーバーホール	overhaul
đang sạc	ちゃーじんぐ	チャージング	charging
đáng chú ý	めざましい	目覚ましい	remarkable
Đáng chú ý/ đáng kể	いちじるしい	著しい	Remarkable
đáng kể	かなり	かなり	quite
Đáng kể	そうとう	相当	Considerable
đáng kể/ rõ ràng	めっきり	めっきり	remarkably
Đáng tin cậy	しんらいできる	信頼できる	Reliable
đáng tin cậy	たのもしい	頼もしい	reliable
đánh	うつ	打つ	strike
đánh bóng	みがく	磨く	polish
Đánh giá	ひょうか	評価	Evaluation
đánh lửa	いぐないたー	イグナイター	igniter
đánh lửa	ちゃっか	着火	ignition
đánh lửa	てんか	点火	ignition
đánh lửa đôi	だぶるいぐにしょん	ダブルイグニション	double Ignition
đánh lửa trực tiếp	だいれくといぐにっしょん	ダイレクトイグニション	Direct ignition
đánh nhẹ	かるくたたく	軽くたたく	lightly tap
Đào tạo	しゅうぎょう	修行	Training
đào tạo/ nuôi dạy	いくせいする	育成する	Cultivate
đảo bánh trước/ rung lắc	しみー	シミー	shimmy
đạt được/nhận được	にゅうしゅする	入手する	obtain
Đau đớn	つうせつ	痛切	Painfully
đầu ra	あうとぷっつ	アウトプット	output
đầu ra lớn nhất/ đầu ra tối đa	さいこうしゅつりょく	最高出力	maximum power
đáy	そこ	底	bottom
Đặc biệt	とくしょな	特殊な	special
Đặc biệt	とくに	特に	Especially
Đặc biệt/ với rất nhiều cố gắng	せっかく	せっかく	Specially
đặc điểm	とくちょう	特徴	Feature
Đặc điểm ngày	でぃーとくせい	デー特性	Day characteristics
Đặc tính	とくせい	特性	Characteristic
Đặc trưng/ đặc điểm	とくしょく	特色	Features
đặt	おく	置く	put
Đặt / bộ	せっと	セット	set

đặt hàng/ tuần tự	じゅんじょ	順序	order
đặt tên/ gọi tên	なづける	名付ける	Name
Đặt vào đó	はめる	はめる	Put in there
đâm vào	つきあたる	突き当たる	bump into
Đất	じめん	地面	Ground
đầu/ tiên phong	せんとう	先頭	lead
đầu ghi ổ đĩa	どらいぶれいんじ	ドライブレコーダ	Drive recorder
đầu nhỏ	すもーるえんど	スモールエンド	small end
Đầu tiên	まず	まず	First
đầu vào	にゅうりょく	入力	input
đầu xi-lanh	しりんだーへっど	シリンダーヘッド	cylinder head
Đây là một cách tốt để làm việc với cả hai lót phanh.	つーりーでぃんぐしゅーしき	ツーリーディングシュー式	Two leading shoe type
Đây và đó	ところどころ	所々	Here and there
Đẩy	おす	押す	push
đẩy	すらすと	スラスト	thrust
Decibel	でしべる	デシベル	Decibel
đèn báo hiệu nạp điện	ちゃーじうぉーにんぐらんぷ	チャージウォーニングランプ	charge warning lamp
đèn báo trượt	すりっぷいんじけーたらんぷ	スリップインジケータランプ	slip indicator lamp
đèn cảnh báo sạc	じゅうでんけいこくとう	充電警告灯	charging warning light
Đèn để điều chỉnh thời điểm đánh lửa động cơ	たいみんぐらいと	タイミングライト	timing light
Đèn định vị	しゃはばとう	車幅灯	clearance lamp
đèn đỗ xe	ちゅうしゃとう	駐車灯	parking light
Đèn đuôi	てーるらいと	テールライト	Tail light
Đèn hai đầu	にとうしきへっどらいと	二灯式ヘッドランプ	Two-lamp head lamp
đèn halogen	はろげんらんぷ	ハロゲンランプ	Halogen lamp
đèn hậu	てーるらんぷ	テールランプ	tail lamp
Đèn pha Xenon	きせのんへっどらんぷ	キセノンヘッドランプ	xenon head lamp
đèn pha/ đèn trước	へっどらいと	ヘッドライト	Head light
Đèn pin	とーち	トーチ	Torch
Đèn số	なんばーとう	ナンバー灯	Number light
Đeo ra / Mặc	すりへった	すり減った	rubbed and decreased / worn
Đeo ra / mòn / rách nát	すりきれた	擦り切れた	tattered
Đẹp	きれいな	綺麗な	beautiful
Đề cử/ bổ nhiệm	しめいする	指名する	Nominate
Để cắm/ phích cắm điện	せんをする	栓をする	to plug
Để chọn / lựa chọn	せんたくする	選択する	select
Để đâm thủng	ぱんくする	パンクする	to puncture
Để dầu	あぶらをさす	油をさす	to oil
Để điền/ làm đầy	じゅうてんする	充填する	to fill
Để được mịn màng/ mượt mà	すべすべした	すべすべした	smooth
Để duy trì / chuẩn bị	せいびする	整備する	prepare

Để hạ gục / Đá ra	たたきだす	叩き出す	to knock out
Để hạ thấp / làm cho thấp	ひくくする	低くする	make low
để học	みにつける	身に付ける	I learn
Để kết nối / kết nối	つなぐ	つなぐ	connect
Để khoan một lỗ / Làm cái lỗ	あなをあける	穴をあける	to drill a hole / make a hole
để kiểm tra	ちぇっくする	チェックする	to check
Để làm sáng tỏ / gỡ rối	とく	解く	solve
để mặc nó/để bỏ đi như nó có	ほうっておく	放っておく	Leave it alone
Để mịn/ làm mịn	なめらかにする	滑らかにする	to smooth
Để nâng lên	もちあげる	持ち上げる	lift
Để phác thảo/ vẽ phác	しゃせいする	写生する	To sketch
Để phân loại	ぶんるいする	分類する	classify
Để quay	まわす	回す	turn
Để rò rỉ	もれる	漏れる	to leak out
Để sắp xếp / Xếp hàng	ならべる	並べる	to sort out / Line up
Để trải ra / lây lan	ひろげる	広げる	spread
Để trở lại	もどす	戻す	return
Để uốn/ tính dễ dát mỏng	てんせい	展性	Malleability
Để xóa / tẩy	とりのぞく	取り除く	remove
Để xóa / Tẩy/ đổ đi / trừ bỏ	じょきょする	除去する	remove
đếm	かぞえる	数える	count
đệm đĩa	でぃすくぱっど	ディスクパッド	Disc pad
đến vị trí / Xác định vị trí	いちぎめする	位置決めする	to position / determine position
Đi chơi	ぶらぶら	ぶらぶら	Hanging out
Đi học	しゅうがく	就学	Attending school
Đi xuyên qua/ kình qua	へる	経る	Go through
diagonal member	だいあごなるめんば	ダイアゴナルメンバ	diagonal member
đĩa	でぃすく	ディスク	disk
Đĩa cánh quạt/ rôto đĩa	でぃすくろーたー	ディスクローター	Disc rotor
đĩa cứng	そりっどでぃすく	ソリッドディスク	solid disc
đĩa ly hợp	えんばんくらっち	円板クラッチ	disc clutch
đĩa ly hợp	くらっちでぃすく	クラッチディスク	clutch disk
Điềm báo	ぜんちょう	前兆	Omen
Điểm	かしょ	個所	point
điểm	ちてん	地点	point
điểm	てん	点	point
điểm	ぽいんと	ポイント	point
Điểm	ようてん	要点	Point
Điểm/ bảng tóm tắt	ようりょう	要領	Point
điểm chết tren	じょうしてん	上死点	Top Dead Center
Điểm danh	しゅっせき	出席	Attendance

điểm đánh lửa	ちゃっかてん	着火点	ignition point
điểm không/ điểm trung hòa	ちゅうせいてん	中性点	neutral poin
điểm mốc	めじるし	目印	Landmark
điểm mù	もうてん	盲点	blind spot
Điểm nứt	われめ	割れ目	Cracking point
điểm tựa	してん	支点	fulcrum
Điền Van	ちゃーじばるぶ	チャージバルブ	charge valve
điện áp đầu cuối	たーみなるぼるてーじ	ターミナルボルテージ	terminal voltage
điện áp đầu cuối	たんしでんあつ	端子電圧	terminal voltage
điện áp định mức	ていかくでんあつ	定格電圧	Rating voltage
Điện áp thả	でんあつこうか	電圧降下	Voltage drop
Điện áp thứ cấp	にじでんあつ	二次電圧	Secondary voltage
Điện cực	でんきょく	電極	Electric pole
điện cực đất	せっちでんきょく	接地電極	ground electrode
điện cực trung tâm	ちゅうしんでんきょく	中心電極	center electrode
Điện dung/ dung lượng tĩnh điên	せいでんようりょう	静電容量	capacitance
điện khí hóa	たいでん	帯電	electric charging
Điện lực	でんりょく	電力	Electricity
Điện outfitting mục liên quan	でんそうかんけい	電装関係	Electric items
diện tích	めんせき	面積	area
Điện trở	でんきていこう	電気抵抗	Electric resistance
điện trở đặt trong bougie	ていこういりてんぷらぐ	抵抗入り点火プラグ	Resistance spark plug
Điện tử	でんし	電子	Electronic
Điều chỉnh	かげんする	加減する	adjust
Điều chỉnh	ちゅーにんぐ	チューニング	tuning
Điều chỉnh	ちょうせい	調整	adjustment
Điều chỉnh	ちょうせつ	調節	Adjustment
điều chỉnh / Để điều chỉnh	ちょうせいする	調整する	adjust
Điều chỉnh/ đính chính	ていせい	訂正	correction
Điều chỉnh /hiệu chỉnh máy	ちゅーんあっぷ	チューンアップ	Tune-up
Điều chỉnh bánh trước một chút vào trong	とーいん	トーイン	Toe in
điều chỉnh tiếng ồn	そうおんきせい	騒音規制	noise regulation
Điều chỉnh tốc độ tắt / mở tín hiệu theo từng chu kỳ	でゅーてぃーこんとろーる	デューティーコントロール	Duty control
Điều có thật	じつぶつ	実物	Real thing
điều khiển dịch chuyển chế độ tự động	おーともーどしふとせいぎょ	オートモードシフト制御	auto-mode shift control
Điều khiển kỹ thuật số	でじたるせいぎょ	デジタル制御	Digital control
điều khiển lực kéo	とらくしょんこんとろーる	トラクションコントロール	Traction Control
điều khiển móc bầu trời	すかいふっくせいぎょ	スカイフック制御	sky-hook control
điều khiển trực tiếp/ truyền động trực tiếp	だいれくとどらいぶ	ダイレクトドライブ	direct drive
điều khiển tự động cân bằng	おーとれべりんぐせいぎょ	オートレベリング制御	auto-leveling control

điều kiện	じょうけん	条件	conditions
điều lệ	ちゃーたー	チャーター	charter
Đinh ốc	ねじ	ネジ	screw
định dạng	しょしき	書式	Format
định hình	かたちづくる	形づくる	to shape
Định kiến	せんにゅうかん	先入観	Prejudice
Định lượng/ phân lượng	ぶんりょう	分量	Quantity
định lượng/ số lượng	すうりょう	数量	quantity
định lý	ていり	定理	theorem
Định nghĩa	ていぎ	定義	Definition
đỉnh	ちょうてん	頂点	vertex
Diode Zener	つぇなだいおーど	ツェナダイオード	Zener diode
đi-ốt	だいおーど	ダイオード	diode
đi-ốt zener	ぜなーだいおーど	ゼナダイオード	zener diode
Điôxít lưu huỳnh	にさんかいおう	二酸化硫黄	Sulfur dioxide
Điôxít nitơ	にさんかちっそ	二酸化窒素	Nitrogen Dioxide
đo áp suất lốp	たいやぷれっしゃげーじ	タイヤプレッシャゲージ	tire pressure · gauge
Đo đạc	そくてい	測定	Measurement
Đo độ dày	しっくねすげーじ	シックネスゲージ	thickness gauge
Đo lường	はかる	計る（測る）	measure
đo lường / lấy số đo	そくていする	測定する	measure / taking measurement
Đó	そこ	そこ	There
Đoản mạch nội bộ	ないぶしょーと	内部ショート	Internal short circuit
đọc	よむ	読む	read
Đọc quy mô	めもり	目盛り	scale
Đọc thuộc lòng	あんしょうする	暗唱する	recite
Đòn bẩy	てこ	てこ	Lever
Đóng	しまる	閉まる	Close
đóng	しめる	閉める	close
đóng	とじる	閉じる	close
đóng gói	つめる	詰める	pack
Đóng gói/ bao bì/ sự bịt kín	ぱっきん	パッキン	packing
Đóng lên	ふさがる	塞がる	Close up
Đồ thị/ biểu đồ	ずひょう	図表	Chart
Độ ẩm	しつど	湿度	Humidity
độ ẩm/ hơi ẩm	すいぶん	水分	moisture
độ bền mỏi	たいひろうせい	耐疲労性	fatigue resistance
độ chặt/ độ đặc	ちょうど	ちょう度	consistency
độ chính xác	せいみつさ	精密さ	precision
Độ chính xác / sự chính xác	せいど	精度	accuracy
độ dẫn điện / Tinh dẫn điện	でんきでんどうりつ	電気伝導率	Electrical conductivity

Độ dày	あつみ	厚み	thickness
độ đàn hồi	だんりょく	弾力	elasticity
độ hở van	ばるぶくりあらんす	バルブクリアランス	Valve clearance
độ nhớt	ねんど	粘度	viscosity
độ rung đàn hồi	だんせいしんどう	弾性振動	elastic vibration
Độ rung và tiếng ồn Analyzer	しんどうそうおんぶんせきき	振動騒音分析器	vibration and noise analyzer
độ trễ đàn hồi	だんせいひすてりしす	弾性ヒステリシス	elastic hysteresis
độ trễ thời gian	たいむらぐ	タイムラグ	time lag
Đổ / đổ nó lên	そそぐ	注ぐ	pour it up
đổ đầy	じゅうてん	充填	filling
đổ đầy bể	まんたん	満タン	Full tank
đổ nó lên/ rót	つぐ	注ぐ	pour it up
Độc thân	たんいつ	単一	single
Đôi khi	たまに	たまに	Sometimes
Đôi khi	ときどき	時々	Sometimes
Đôi dây tóc bóng đèn / bóng đèn 2 tim	だぶるふぃらめんとばるぶ	ダブルフィラメントバルブ	double ferament bulb
đối chiếu	たとえる	例える	compare
Đối thủ	ひってき	匹敵	Rival
đối trọng / cân bằng trọng lương	ばらんすうぇいと	バランスウェイト	Balance weight
đổi hướng	ほうこうへんかん	方向変換	turn
đồng	せいどう	青銅	bronze
Đồng	どう	銅	Cooper
Đồng bộ hóa	どうきさよう	同期作用	Synchronization
động cơ	えんじん	エンジン	engine
động cơ	もーたー	モーター	motor
Động cơ 2 chu kỳ	にさいくるえんじん	2サイクルエンジン	2-cycle engine
Động cơ chu kỳ Atkinson	あときんそんさいくるえんじん	アトキンソンサイクルエンジン	Atkinson cycle engine
Động cơ chu kỳ khối lượng không đổi	ていようさいくるきかん	定容サイクル機関	Constant volume cycle engine
Động cơ chu kỳ Miller	みらーさいくるえんじん	ミラーサイクルエンジン	Miller cycle engine
Động cơ chu trình Isobaric	とうあつさいくるきかん	等圧サイクル機関	Isobaric cycle engine
Động cơ có thể sử dụng nhiều loại nhiên liệu khác nhau	たしゅねんりょうきかん	多種燃料機関	multiple fuel engine
động cơ có xi lanh bố trí thẳng hàng	ちょくれつえんじん	直列エンジン	in-line engine
động cơ cửa sổ điện	ぱわーういんどもーた	パワーウインドモーター	Power window motor
Động cơ điện	でんどうき	電動機	Electric motor
Động cơ điện trong bánh xe	ほいーるいんもーたー	ホイールインモーター	In-wheel motor
Động cơ diesel	でぃーぜるえんじん	ディーゼルエンジン	Diesel engine
Động cơ diesel gõ/sự róc máy(kích nổ)	でぃーぜるのっく	ディーゼルノック	Diesel knock
động cơ điều khiển hoạt động gắn	あくてぃぶこんとろーるえんじんまうんてぃんぐ	アクティブコントロールエンジン・マウンティング	active control engine mounting
Động cơ đốt trong	ないねんきかん	内燃機関	Internal combustion engine
Động cơ gạt nước kính chắn gió	わいぱーもーたー	ワイパーモーター	wiper motor

động cơ hai thì	つーさいくるえんじん	ツーサイクルエンジン	two cycle engine
động cơ hai thì	つーすとろーくえんじん	ツーストロークエンジン	two stroke engine
Động cơ hai thì	にこういてしききかん	二行程式機関	Two-stroke engine
Động cơ không chổi than DC	でぃーしーぶらしれすもーた	DC ブラシレスモータ	DC brushless motor
động cơ kiểu qua lại	れしぷろえんじん	レシプロエンジン	reciprocating engine
động cơ nhiều xi-lanh	たきとうきかん	多気筒機関	multi-cylinder engine
động cơ quanh co trực tiếp	ちょくまきでんどうき	直巻電動機	direct winding motor
Động cơ servo AC	えーしーさーぼもーた	ＡＣサーボモータ	AC servo motor
Động cơ tăng áp	たーぼえんじん	ターボエンジン	turbo engine
động cơ Tự nhiên-aspirated	しぜんきゅうきえんじん	自然吸気エンジン	natural aspiration
Động cơ Wankel	ばんけるえんじん	バンケルエンジン	Wankel engine
Động cơ xăng loại trong xi-lanh tiêm	とうないふんしゃしきがそりんえんじん	筒内噴射式ガソリンエンジン	Direct injection gasoline engine
Động cơ xăng tỷ lệ mở rộng cao	こうぼうちょうひさいくるがそりんえんじん	高膨張比サイクルガソリンエンジン	high expansion ratio cycle gasoline engine
đồng đều	いちような	一様な	uniform
Đồng hành/ theo	ともなう	伴う	Accompany
Đồng hồ đo chuyến đi/ đồng hồ đo quãng đường	とりっぷめーた	トリップメータ	Trip meter
Đồng hồ đo điện áp/ vôn-mét	でんあつけい	電圧計	Voltage meter
đồng hồ đo đường	そうこうきょりけい	走行距離計	odometer
Đồng hồ đo lưu lượng không khí	えあふろめーたー	エアーフローメーター	air flow meter
Đồng hồ đo nhiệt độ	てんぱれちゃげーじ	テンパレチャゲージ	Temperature gauge
Đồng hồ số	でじたるしきめーた	デジタル式メータ	Digital meter
Đồng hồ tốc độ điện	でんきしきすぴーどめーた	電気式スピードメータ	Electric speedometer
đồng hồ xe taxi	たくしめーた	タクシメータ	taxi meter
động lực	どうりょく	動力	power
Động lực/ sự thúc đẩy	やるき	やる気	Motivation
Động lực kế	どうりょくけい	動力計	Dynamometer
Đồng tâm	どうしんの	同心の	concentric
Đồng thau	しんちゅう	真鍮	brass
đồng thời	どうじに	同時に	at the same time
đồng thời/ cùng lúc	どうじ	同時	simultaneous
Đốt cháy bất thường/ tiếng nổ	でとねーしょん	デトネーション	Detonation
Đốt cháy đồng nhất	きんしつねんしょう	均質燃焼	homogeneous combustion
đốt cháy phân tầng	そうじょうねんしょう	層状燃焼	stratified combustion
đốt ngón tay	なっくる	ナックル	knuckle
đột ngột	とくぜん	突然	suddenly
Đột ngột/ bỗng nhiên	にわかに	にわかに	Suddenly
Đột phá	かっきてきな	画期的な	breakthrough
Đơn giản	たんじゅん	単純	Simple
đơn giản	たんに	単に	simply
đơn vị	たんい	単位	unit
đơn vị gửi	せんだゆにっと	センダユニット	sender unit

Vietnamese	Japanese (kana)	Japanese	English
đơn vị lái xe điện tử	えれくとろにっくどらいばゆにっと	エレクトロニックドライビングユニット	electronic driving unit
Đúc	ちゅうぞう	鋳造	Casting
Đúc dùng nylon/ chổi nilông	ないろんぶっしゅ	ナイロンブッシュ	Nylon bush
đúc ly tâm	えんしんちゅうぞう	遠心鋳造	centrifugal casting
đục	にごる	濁る	Become cloudy
Đục bê tông / đục thép	たがね	たがね	chisel
Đúng/ ngăn nắp	ちゃんと	ちゃんと	Properly
Đúng / chính xác	ただしい	正しい	correct
Dunlop	だんろっぷ	ダンロップ	Dunlop
Đuôi ống/ ống xả khói	てーるぱいぷ	テールパイプ	Tail pipe
Đưa vào	いれる	入れる	put in
Đừng cảm thấy tồi tệ	あしからず	あしからず	Don't feel bad .
Dừng lại	よす	止す	Stop
Đứng im	せいし	静止	Stationary
được cacbon hóa	たんかした	炭化した	Carbonized
được đúc khuôn	だいきゃすと	ダイキャスト	die cast
Đương đầu/ sự đối xử	たいしょ	対処	Coping
đường chấm chấm	てんせん	点線	dotted line
Đường chấm chấm	にてんさせん	二点鎖線	Dash-dotted line
đường chéo	たいかくせん	対角線	diagonal
Đường chéo	ななめ	斜め	Diagonal
Đường cong hiệu suất	せいのうきょくせん	性能曲線	performance curve
đường cong hyperbol	そうきょくせん	双曲線	hyperbolic curve
Đường cong Trochoid	とろこいどかーぶ	トロコイドカーブ	Trochoid curve
đường dẫn trượt bi	ぼーるすぷらいん	ボールスプライン	ball spline
đường kính	ちょっけい	直径	diameter
Đường may	つぎめ	継目	Seam
Đường rãnh	すぷらいん	スプライン	spline
đường ray chung	こもんれーる	コモンレール	common-rail
đường sắt trượt	すらいどれーる	スライドレール	slide rail
Đường thẳng	ちょくせん	直線	straght line
đường trung tâm	ちゅうしんせん	中心線	center line
đường trung tính	ちゅうりつせん	中立線	neutral line
đường trung tính	にゅーとらるらいん	ニュートラルライン	neutral line
đyne	だいん	ダイン	dyne
ECU lai	はいぶりっどいーしーゆー	ハイブリットＥＣＵ	hybrid ECU
EGR nội bộ	ないぶいーじーあーる	内部ＥＧＲ	Internal EGR
Etylen glycol	えちれんぐりこーる	エチレングリコール	Ethylene glycol
fleon thay đổi nhau	だいがえふろん	代替フロン	altenative fleon
fleon thay đổi nhau	だいたいふろん	代替フロン	altranative freon
Gang đặc biệt	とくしゅちゅうてつ	特殊鋳鉄	Special cast iron

gang thép	ちゅうてつ	鋳鉄	cast iron
gạch dưới	かせん	下線	underline
gánh nặng	ふたん	負担	burden
Gắn động cơ	えんじんまうんと	エンジンマウント	engine mount
Gấp đôi	ばい	倍	Double
gấp đôi/ sự nhân bản	ちょうふく	重複	Duplication
gậy	ぼう	棒	rod
gậy	ろっど	ロッド	rod
gây nhầm lẫn	まぎらわしい	紛らわしい	confusing
Gây nhầm lẫn	ややこしい	ややこしい	Confusing
gây ra	およぼす	及ぼす	cause
ghế trẻ em	ちゃいるどしーと	チャイルドシート	child seat
Ghi chú	きす	記す	Note
Ghi lại	きろくする	記録する	record
Ghim tách	すぷりっとぴん	スプリットピン	split pin
Gia cố/ tăng cường	ほきょう	補強	Reinforcement
gia công	かこう	加工	processing
gia tăng	ふえる	増える	Increase
giá trị	かち	価値	value
Giá trị bằng số	すうち	数値	Numerical value
Giá trị nhiệt thấp	ていねっか	低熱価	Low heat value
giả	だみー	ダミー	dummy
Giả thiết	かてい	仮定	assumption
giai đoạn = Stage/ chu kỳ	しゅうき	周期	period
giải pháp	そりゅーしょん	ソリューション	solution
giải pháp/ dung dịch	ようえいき	溶液	solution
giải phóng	ほうしゅつ	放出	release
Giải phóng mặt bằng	とっぷくりあらんす	トップクリアランス	Top clearance
Giải phóng mặt bằng / Lỗ hổng	すきま	隙間	clearance / gap
Giải trình/ giải thích	せつめい	説明	Explanation
giám sát	もにたー	モニター	monitor
Giảm/ co nhỏ	しゅくしょう	縮小	Reduction
giảm/ giảm bớt	りでゅーす	リデュース	Reduce
giảm bớt	へる	減る	decrease
Giảm bớt sức ép	でこんぷ	デコンプ	Decompression
Giảm dần	さきぼその	先細の	Tapered
gian hàng thuốc xịt	すぷれーぶーす	スプレーブース	spray booth
giàn	とらす	トラス	truss
Gián đoạn	ちゅうだん	中断	Interruption
Gián đoạn bush	いんたりんぐつきぶっしゅ	インタリング付きブシュ	interring Bush
Giao hàng đột quy	でりばりすとろーく	デリバリストローク	Delivery stroke

Giao thông tắc nghẽn	じゅうたい	渋滞	Traffic jam
giao tiếp	つうしん	通信	communication
Giỏi về	じゅうず	上手	Good at
Giỏi về	とくい	得意	Good at
Giòn/ dễ gãy	もろい	もろい	Brittle
Giọt nước	すいてき	水滴	Water drop
giống hệt như…	そっくり	そっくり	Exactly
giới hạn đàn hồi	だんせいげんど	弾性限度	elastic limit
Giới hạn mỏi	つかれげんかい	疲れ限界	Fatigue limit
Giới hạn/ hạn chế	せいげん	制限	Limit
Giới thiệu	しょうかい	紹介	Introduction
giới thiệu	すすめる	勧める	recommend
Giới thiệu tóm tắt/ moóc	とれーらー	トレーラー	Trailer
Giữ	かざり	かざす	hold up
giữ	たもつ	保つ	keep
Giữ chặt	しっかりもつ	しっかり持つ	hold firmly
giữa tam giác	さんかくやすり	三角やすり	triangle filing
góc	かくど	角度	angle
Góc	かど	角	corner
góc	すみっこ	隅っこ	corner
góc bánh âm	ねがてぃぶおふせっと	ネガティブオフセット	Negative offset
Góc bevel	じゃかく	斜角	bevel angle
góc chậm phát triển	ちかく	遅角	retarded angleg
Góc dwell	どえるあんぐる	ドエルアングル	Dwell angle
góc lái	だかく	舵角	steering angle
Góc nhìn/ tầm nhìn	しや	視野	Field of view
Góc phải	ちょっかく	直角	right angle
Góc tốt	かどのとれた	かどのとれた	good corner
góc trục lái	そうこうじくかくど	操向軸角度	steering axis angle
góc trượt	すりっぷあんぐる	スリップアングル	slip angle
gọn gàn	きちんと	きちんと	neatly
Gốc/ nguồn	ゆらい	由来	Origin
gồm có/ kiêm nhiệm	かねる	兼ねる	take the place
gốm sứ/ gốm	せらみっく	セラミック	ceramic
gỡ rối	ほどく	解く	solve
guốc hãm ma sát	とれーりんぐあーむ	トレーリングシュー	Trailing shoe
gương cửa	どあみらー	ドアミラー	door mirror
Gương điều khiển điện	でんどうりもこんみらー	電動モコンミラー	Electric remote control mirror
hạ thấp/ hạ xuống	さげる	下げる	to lower
hai	でゅある	デュアル	dual
hai bên/ cả hai mặt	りょうがわ	両側	both sides

hai chỗ ngồi	つーしーた	ツーシータ	two-seater
hai chu kỳ	つーさいくる	ツーサイクル	two cycle
hai tông màu	つーとんからー	ツートンカラー	two tone color
hai trục cam trên nắp máy	だぶるおーばーへっどかむしゃふと	ダブルオーバーヘッドカムシャフトエンジン	double overhead camshaft
hai xi lanh	つーしりんだ	ツーシリンダ	two cylinder
Hai xi lanh	にきとう	二気筒	Two cylinders
Hạn chót/ ngừng	しめきる	締め切る	Deadline
Hàn điểm	すぽっとようせつ	スポット溶接	spot welding
Hàn điểm	てんようせつ	点溶接	Spot welding
Hàn điện	でんちゃく	電着	Electric welding
Hàn giáp mối	つきあわせようせつ	突き合わせ溶接	Butt welding
hàn/ hợp kim hàn	はんだ	半田	solder
Hàng đầu	てっぺん	てっぺん	Top
Hàng đầu	とっぷ	トップ	Top
hàng hóa	ひなもの	品物	goods
hàng hóa khiếm khuyết	ふりょうひん	不良品	Defective
hàng mới	しんぴん	新品	Brand new
hành động cảm ứng tương hỗ	そうごゆうどうさよう	相互誘導作用	mutual induction effect
hành động khuếch đại	ぞうふくさよう	増幅作用	amplifying action
hành động làm sạch	せいじょうさよう	清浄作用	cleaning action
Hành động này	てこのさよう	てこの作用	leverage action
Hành hình	じっこうする	実行する	Execute
hạt/ đai ốc	なっと	ナット	nut
hạt/ hột	つぶ	粒	grain
hằng lò xo	ばねじょうすう	ばね定数	spring constant
hấp tấp, nôn nóng	そそかっしい	そそかっしい	Irritating
Hầu hết	ほとんど	ほとんど	Almost
Hầu hết	ほぼ	ほぼ	Almost
Hầu hết/ sự bao quát	たいがい	大概	Mostly
Héo / Nhún	しぼんだ	しぼんだ	shrunk
hẹn giờ	たいまー	タイマー	timer
hệ cơ cấu lái loại Rack &Pinion	らっくあんどぴにおんすてありんぐ	ラックアンドピニオンステアリング	Rack & Pinion Steering
hệ số	けいすう	係数	coefficient
hệ số ma sát	まさつけいすう	摩擦係数	friction coefficient
Hệ số nhớt động học	どうねんせいけいすう	動粘性係数	Kinematic viscosity coefficient
Hệ thống đánh lửa	てんかけいとう	点火系統	Ignition system
Hệ thống đánh lửa/ thiết bị đánh lửa	てんかそうち	点火装置	Ignition system
hệ thống điều khiển bướm ga loại điều khiển điện tử	でんしせいぎょすろっとるこんとろーるしすてむ	電子制御スロットルコントロールシステム	Electronic Throttle Control System
Hệ thống điều khiển/ rađiô máy phát	とらんすみった	トランスミッタ	Transmitter
hệ thống hỗ trợ phanh	ぶれーきあしすつしすてむ	ブレーキアシストシステム	break assist system

Hệ thống hybrid Series	しりーずはいぶりっとしすてむ	シリーズハイブリットシステム	series hybrid system
Hệ thống hybrid song song	ぱられるはいぶりっどしすてむ	パラレルハイブリッドシステム	parallel hybrid system
Hệ thống kê khai	まにふぇすとせいど	マニフェスト制度	manifest system
hệ thống lai	はいぶりっとしすてむ	ハイブリットシステム	hybrid system
Hệ thống lai loạt song song	ぱられるしりーずはいぶりっどしすてむ	パラレルシリーズハイブリッドシステム	parallel series hybrid system
hệ thống phát hiện ghế trợ lý	じょしゅせきじょういんけんちしすてむ	助手席乗員検知システム	assistant seat detection system
Hệ thống phun nhiên liệu áp lực cao loại đường ray chung	こもんれーるしきこうあつねんりょうふんしゃしすてむ	コモンレール式高圧燃料噴射システム	common-rail type high pressure fuel injection system
Hệ thống treo	さすぺんしょん	サスペンション	suspension
Hệ thống treo độc lập	どくりつけんか	独立懸架	Independent suspension
Hệ thống treo khí	えあーさすぺんしょん	エアーサスペンション	air suspension
Hệ thống treo khí nén	にゅーまちっくさすぺんしょん	ニューマチックサスペンション	Pneumatic suspension
hệ thống treo tay đòn kép	だぶるうぃしょぼーん	ダブルウィッシュボーン	double wishbone
hệ thống truyền lực/ hệ thống động lực	ぱわーとれいん	パワートレイン	Power train
Hệ thống tự chẩn đoán	じこしんだんしすてむ	自己診断システム	self-diagnosis system
hệ thống tuần hoàn khí thải	はいがすさいじゅんかん	排ガス再循環	Exhaust Gas Recirculation
Hệ thống xoáy dọc	だんぶるりゅうほうしき	タンブル流方式	tumble flow system
Hết hàng	しなぎれ	品切れ	Out of stock
Hết xăng	がすけつ	ガス欠	out of gas
hiện diện hay vắng mặt/ có hay không có	うむ	有無	presence or absence
hiện tại đang sạc	じゅうでんけいこくとうでんりゅう	充電電流	charging current
Hiện thực hóa	じつげん	実現	Realization
hiện tượng	げんしょう	現象	phenomenon
hiện tượng đánh lửa tự nhiên	しぜんちゃかげんしょう	自然着火現象	natural firing phenomenon
hiện tượng jadder	じゃだーげんしょう	ジャダ現象	jadder phenomenon
Hiển nhiên	めいはく	明白	Obvious
Hiệp hội doanh nghiệp tái chế ô tô Nhật bản	ぜんにっぽんじどうしゃりさいくるじぎょうれんごう	全日本自動車リサイクル事業連合	Japan Automotive Recyclers Association
hiệp hội thiết bị ô tô Hoa Kỳ	べいこくじどうしゃようひんきょうかい	米国自動車用品協会	Speciality Equipemnt Market Association
Hiệu chỉnh điện áp	でんあつほせい	電圧補正	Voltage correction
Hiệu suất/ tính năng	せいのう	性能	Performance
hiệu suất lắp đày	じゅうてんこうりつ	充填効率	filling efficiency
Hiệu suất leo dốc	とのー	坂登性能	Slope climbing performance
hiệu suất thể tích	たいせきこうりつ	体積効率	volume efficiency
Hiệu suất truyền dẫn	でんたつこうりつ	伝達効率	Transmission efficiency
hiệu ứng/ hiệu quả	こうか	効果	effect
Hiệu ứng/ ý đồ	しゅし	趣旨	Effect
hiệu ứng nhà kính	おんしつこうか	温室効果	green house effect
Hiệu ứng nhà kính	ぐりーんはうすこうか	グリーンハウス効果	Greenhouse effect
Hiệu ứng SEV (Cải thiện các tổn thất khác nhau trong ô tô)	せぶこうか	SEV効果	SEV effect
Hình chữ nhật	ちょうほうけい	長方形	Rectangle
hình elip/ hình bầu dục	だえん	楕円	ellipse

Hình minh họa	ずかい	図解	Illustration
Hình minh họa/ ví dụ thực tế	じつれい	実例	Illustration
hình ống	ちゅーぶら	チューブラ	tubular
hình thành từ	なりたつ	成り立つ	Hold
Hình trụ	つつ	筒	Cylinder
hình vuông	せいほうけい	正方形	square
hoa văn lốp xe	たいやとれっど	タイヤトレッド	tire tread
Hóa đơn	せいきゅうしょ	請求書	Invoice
Hoàn thành	かんぜんな	完全な	complete
Hoàn thành	しゅうりょう	修了	Completion
Hoàn toàn	すっかり	すっかり	Completely
Hoàn toàn	まるっきり	まるっきり	Completely
hoàn toàn	まるまる	丸々	completely
hoàn toàn/ hầu	もろに	もろに	All around
hoang mang/ lúng túng	まごまご	まごまご	to be upset / in confusion
hoạt bát/ sôi nổi	かっぱつ	活発	lively
hoạt động	そうさ	操作	operation
hoạt động	そうじゅう	操縦	operation
Hoạt động/ hành động	かどう	稼働	operation
hoạt động quét khí xả	そうきさよう	掃気作用	scavenging action
Hoạt động treo xe	あくてぃーぶさすぺんしょん	アクティーブサスペンション	active suspension
Hoặc là	もしくは	もしくは	Or
Hoặc là/ hay	それとも	それとも	Or
hoặc một cái gì đó khác	なんだかんだ	何だかんだ	What is it
Học	しゅうがく	修学	Study
học hỏi	ならう	習う	learn
học kỳ	がっき	学期	semester
học nghề	みならい	見習い	apprentice
học thuyết	りろん	理論	theory
hỗ trợ / ủng hộ	ささえる	支える	to support
hỗn hợp	ふくごう	複合	composite
hồng ngoại	せきがいせん	赤外線	infrared
hộp bánh giăng	ぎあぼっくす	ギアボックス	gearbox
Hộp bánh lái	すてありんぐぎあぼっくす	ステアリングギアボックス	steering gear box
Hộp công cụ	つーるぼっくす	ツールボックス	Tool box
hộp số tự động	おーとまちっくとらんすみっしょん	オートマチックトランスミッション	automatic transmission
Hộp số/ bánh răng	はぐるま	歯車	gear
hộp trợ lực lái	ぱわすてぎやぼっくす	パワステギヤボックス	Power steering gearbox
hộp vi sai	でぃふぁれんしゃるけーす	ディファレンシャルケース	Differential case
hơi nước	じょうき	蒸気	vapor
hơi nước	すいじょうき	水蒸気	water vapor

hơi sương Photochemical	こうかがくすもっぐ	光化学スモッグ	photochemical smog
Hơn	むしろ	むしろ	Rather
Hơn bất cứ thứ gì/ trên hết	ないより	何より	More than anything
hơn thế nữa	そのうえ	その上	Moreover
Hợp kim đồng	どうごうきん	銅合金	Copper alloy
hợp kim đúc	だいきゃすとごうきん	ダイキャスト合金	die cast alloy
hợp kim thiếc	すずごうきん	錫合金	tin alloy
Hợp lý	だとう	妥当	Reasonable
Hợp lý/ lôgic	ろんり	論理	logic
Hợp nhất	とういつ	統一	Unification
hút	すう	吸う	suck
Hút ẩm	じょしつ	除湿	Dehumidification
Huỷ bỏ	ちゅうし	中止	Cancellation
Huỷ bỏ/ phủ nhận	うちけす	打ち消す	Cancel
Hủy đăng ký	まっしょうとうろく	抹消登録	Registration of Deletion
huyền phù biaxial	にじくしきさすぺんしょん	二軸式サスペンション	Biaxial suspension
hư hại	そんがい	損害	damage
hư hỏng/ bị mòn	まもうした	摩耗した	worn out
hư hỏng/ xấu đi	あっか	悪化	Deterioration
Hướng dẫn	ゆうどう	誘導	Induction
Hướng dẫn sử dụng chuẩn thao tác	さぎょうひょうじゅんしょ	標準作業書	job instruction sheet
Hữu ích/ sự tiện lợi	ちょうほう	重宝	Useful
hydro	すいそ	水素	hydrogen
hyđro sunfua	りゅうかすいそ	硫化水素	Hydrogen sulfide
hydrocacbon	たんかすいそ	炭化水素	hydrocarbon
IC đánh lửa	あいしーいぐないたー	ICイグナイター	IC igniter
IC ổn áp	あいしーしきぼるてーじれぎゅれーた―	IC式ボルテージレギュレーター	IC voltage regulator
Idling stop	あいどりんぐすとっぷ	アイドリングストップ	Idling Stop
Ít khi	めったに	めったに	Rarely
ít nhất	すくなくとも	少なくとも	at least
ít nhất	せめて	せめて	at least
Kéo	ひく	引く	Pull
Kéo/ kéo lê	ひきずる	引きずる	Drag
kéo	ひっぱる	引っ張る	pull
kéo cắt kim loại	かなきりばさみ	金切りばさみ	metal scissor
Kéo lên	ひきあげる	引き上げる	Pull up
Kéo ra	ぬきとる	抜き取る	Pull out
Kẽm □	あえん	亜鉛	Zinc
Kế hoạch	はかる	図る	Plan
Kềm/ kìm cắt	にっぱー	ニッパー	nipper
kênh	ちゃんねる	チャンネル	channel

kết dính	せっちゃくざい	接着剤	adhesive
Kết nối	せつぞく	接続	Connection
kết nối	つながり	つながり	connection
kết nối chẩn đoán	だいあぐのーしすこねくた	ダイアグノーシスコネクタ	diagnosis connector
Kết nối Delta/ nối dây tam giác	でるたこねくしょん	デルタコネクション	Delta connection
Kết nối rod	こんろっど	コンロッド	conrod
kết quả là	そのけっか	その結果	as a result
Kết thúc	しゅうりょう	終了	End
Kết thúc / Hoàn thành	しあげ	仕上げ	finishing
kết thúc lớn	だいたんぶ	大端部	big end
Kết thúc/ hoàn thành	しまう	しまう	End up
kêu la	すきーる	スキール	squeal
Khá/ rất	なかなか	なかなか	Quite
khả năng chống ăn mòn	たいふしょくせい	耐腐食性	corrosion resistance
Khả năng lái xe	どらいばびりてぃー	ドライバビリティー	Drivability
khả năng phanh	せいどうのうりょく	制動能力	braking ability
Khả năng tương thích	りょうりつ	両立	Compatibility
Khác	そのため	その他	Other
Khát vọng/ ước vọng	しぼう	志望	Aspirations
Khắc chạm	きざむ	刻む	carve
khe cắm	すろっと	スロット	slot
khe hở	すりっと	スリット	slit
Khéo léo	たくみ	巧み	Skillful
Khí carbon monoxide	いっさんかたんそ	一酸化炭素	Carbon Monoxide
khí CO2	かーぼんだいおきさいど	カーボンディオキサイド	Carbon dioxide
Khí để làm mát / ga lạnh	れいばいがす	冷媒ガス	Refrigerant gas
Khí đốt tự nhiên	てんえんがす	天然ガス	Natural gas
Khí đốt tự nhiên xe	てんねんがすじどうしゃ	天然ガス自動車	Natural gas vehicle
khí hiệu ứng nhà kính	おんしつこうかがす	温室効果ガス	green house gases
Khí hóa lỏng	えきかせきゆがす	液化石油ガス	Liquefied Petroleum Gas
khí LP	えるぴーがす	LPガス	LP gas
Khí nitơ	ちっそがす	窒素ガス	Nitrogen gas
Khí sinh ra từ buồng quay của động cơ	ぶろーばいがす	ブローバイガス	Blow-by gas
Khí thải	はいきがす	排気ガス	Exhaust gas
Khí tự nhiên	てんねんがす	天然ガス	Natural gas
Khí tự nhiên	なちゅらるがす	ナチュラルガス	Natural gas
khí tự nhiên hóa lỏng	えきかてんえんがす	液化天然ガス□	Liquefied Natural Gas
Khiếm khuyết	けっかんのある	欠陥のある	defective
khiếm khuyết/ nhược điểm	けっかん	欠陥	defect
Khóa	じょう	錠	Lock
Khóa học	かてい	課程	course

Khoan	あなあけ	穴あけ	drilling
Khoan điện / máy khoan điện	でんきどりる	電気ドリル	electric drill
khoản mục	かじょうがき	箇条書き	bullets
khoảng cách chạy	そうきょうきょり	走行距離	Mileage
Khoảng cách của các bộ phận trượt	たぺっとくりあらんす	タペットクリアランス	tappet clearance
Khoảng cách đi từ đầu đến cuối	すとろーく	ストローク	stroke
Khoảng cách dừng	ていしきょり	停止距離	Stop distance
Khoảng cách giữa hai trục bánh xe đầu tiên	だいいちじくきょ	第一軸距	first axis distance
khoảng cách phanh	せいどうきょり	制動距離	braking distance
Khói đen	こくえん	黒煙	black smoke
khói động cơ diesel	でぃーぜるすもーく	ディーゼルスモーク	Diesel smoke
khô	どらい	ドライ	dry
khối lượng	しつりょう	質量	mass
Khối lượng riêng của chất điện phân	でんかいえきひじゅう	電解液比重	Specific gravity of electrolyte
khối xi lanh	しりんだーぶろっく	シリンダーブロック	cylinderhead block
Không bị sốc	せろらっしゅ	ゼロラッシ	zero rush
không camber	ぜろきゃんば	ゼロキャンバ	zero camber
không caster	ぜろきゃすた	ゼロキャスタ	zero caster
Không chính xác	ふせいかくな	不正確な	Inaccurate
không có gì	なにも	何も	nothing
Không có sự cho phép	むだん	無断	Without permission
Không có tai nạn	むじこ	無事故	No accident
không còn	もはや	もはや	no longer
không dây	むせん	無線	wireless
Không đời nào	まさか	まさか	No way
không đủ	たりない	足りない	not enough
không đủ	ふじゅうぶん	不十分	insufficient
không gian	くうかん	空間	space
không gian tự do	ゆとり	ゆとり	Clear space
không gian/ khoảng trống	すぺーす	スペース	space
Không giỏi về	にがて	苦手	Bad at
không hiểu sao/ không có lý do cụ thể	なんとなく	何となく	somehow
không hợp lý	りふじん	理不尽	unreasonable
không khí	たいき	大気	atmosphere
Không khí nén	あっしゅくくうき	圧縮空気	compressed air
Không liên quan	むかんけい	無関係	Irrelevant
khổng lồ	でかい	でかい	huge
không may/ thật đáng tiếc	あいにく	あいにく	unfortunately
không nên làm	してはならない	してはならない	should not be done
Không thân thiện/ lạnh	そっけない	そっけない	Unfriendly

Không thành sự thật	かなわない	叶わない	not come true
Không thể nào	ふかのう	不可能	impossible
Không thể tránh khỏi	やむをえなう	やむを得ない	Unavoidably
Không thể tránh khỏi	よぎなく	余儀なく	Inevitably
Không thể tránh khỏi/ chắc chắn	ひつぜん	必然	Inevitably
không thường xuyên	ふきそく	不規則	Irregular
Không thường xuyên	ふきそくな	不規則な	irregular
Khởi đầu/ động đậy	しどう	始動	Start
khởi động bụi	だすとぶーつ	ダストブーツ	dust boot
khớp cầu	ぼーるじょいんと	ボールジョイント	Ball joint unit
khớp hình cầu	すふぇりかるじょいんと	スフェリカルジョイント	spherical joint
khớp linh hoạt/ khớp nối đàn hồi	ふれきしぶるじょいんと	フレキシブルジョイント	Flexible Joint
khớp loại Bìield	ばーふぃーるどがたじょいんと	バーフィールド型ジョイント	Birfield type joint
Khớp ly hợp vấu	どぐくらっち	ドグクラッチ	Dog clutch
Khớp nhau/ hợp nhau	つじつまがあう	つじつまがあう	Match each other
khớp nối bóng	たまつぎて	玉継手	ball joint
khớp nối đồng tốc giá ba chân	とりぽーとがたとうそくじょいんと	トリポード型等速ジョイント	Tripod type CV joint
khớp nối đồng tốc loại bù đôi	だぶるおふせっとがたとうそくじょいんと	ダブルオフセット型等速ジョイント	double offset type CV joint
khớp nối đồng tốc loại đôi cardan	だぶるかるだんがたとうそくじょいんと	ダブルカルダン型等速ジョイント	double cardon type CV joint
Khớp nối linh hoạt	たわみつぎて	たわみ継手	Flexble joint
Khớp nối nhớt	びすかすかっぷりんぐ	ビスカスカップリング	Viscous coupling
Khớp vận tốc không đổi/ khớp nối đồng tốc	とうそくじょいんと	等速ジョイント	Constant velocity joint
khung	わく	枠	frame
khung gầm	あしまわり	足回り	chassis
Khung gầm và thân xe được tích hợp	ものこっくぼでぃー	モノコックボディー	Monocoque body
Khung giàn	とらすがたふれーむ	トラス型フレーム	Truss frame
khung hình ống	ちゅーぶらーふれーむ	チューブラーフレーム	tubular frame
khung ống	ちゅーぶふれーむ	チューブフレーム	tube frame
khủng khiếp/ quá đáng	とんだ	とんだ	terrible
khuôn mẫu	だいす	ダイス	dies
Khuôn rèn	かたたんぞう	型鍛造	dieforcing
khuyên bảo/ lời khuyên	じょげん	助言	advice
Khuyến mại	そうしん	促進	Promotion
Khử trùng	しょうどく	消毒	Disinfection
Khử từ	しょうじ	消磁	demagnetization
Kích hoạt/ cò súng	とりがー	トリガー	trigger
kích thích độc lập	たれいじ	他励磁	separated excitation
Kích thước	すんぽう	寸法	size
Kích thước	でぃめんしょん	ディメンジョン	Dimension
kích thước lốp	たいやさいず	タイヤサイズ	tire size
kiểm soát chẩn đoán	だいあぐのーしすこんとろーる	ダイアグノーシスコントロール	diagnosis control

Kiểm soát chất lượng	ひんしつかんり	品質管理	Quality Control
kiểm soát chống lặn	あんちだいぶせいぎょ	アンチダイブ制御	anti-dibe control
Kiểm soát khởi động	うぉーむあっぷせいぎょ	ウオームアップ制御	warm-up control
Kiểm soát phanh tái tạo	かいせいぶれーきせいぎょ	回生ブレーキ制御	regenerative brake control
Kiểm soát thời gian đánh lửa	てんかじきせいぎょ	点火時期制御	Ignition timing control
kiểm soát thời gian đánh lửa loại điều khiển điện tử	でんしせいぎょしきてんかじきせいぎょ	電子制御式点火時期制御	Electronically controlled ignition timing control
kiểm soát tiêm thí điểm	ぱいろっとふんしゃせいぎょ	パイロット噴射制御	pilot injection control
Kiểm soát tốc độ khổng tải	あいどるすぴーどこんとろーる	アイドルスピードコントロール	Idle Speed Control
Kiểm tra/ đi thi	じゅけん	受験	Examination
Kiểm tra	けんさする	検査する	inspect
Kiểm tra	しんさ	審査	Examination
Kiểm tra	ちぇっく	チェック	check
Kiểm tra	てぇっきんぐ	チェッキング	Checking
kiểm tra	てんけん	点検	inspection
kiểm tra / Để điều tra	しらべる	調べる	investigate
kiểm tra định kỳ và bảo trì	ていきてんけんせいび	定期点検整備	Priodical maintenace
Kiểm tra độ mỏi	つかれしけん	疲れ試験	Fatigue test
kiểm tra hiệu suất phanh	せいどうせいのうしけん	制動性能試験	braking performance test
kiểm tra thời gian-tụt hậu / kiểm tra đọ trễ thời gian	たいむらぐてすと	タイムラグテスト	time lag test
Kiểm tra tốc độ của đầu ra bánh răng cố định khi động cơ mở hoàn toàn	すとーるてすと	ストールテスト	stall test
kiểm tra van	ちぇっくばるぶ	チェックバルブ	check valve
Kiên nhẫn	しんぼうづよい	辛抱強い	Patient
kiếng chiếu hậu	ばっくみらー	バックミラー	rearview mirror
Kiệt sức	しょうもうした	消耗した	Exhausted
kiểu đồng tâm	どうしんがた	同心型	Concentric
kiểu ống lồng	てれすこぴっくがた	テレスコピック型	Telescopic type
kìm có răng	ぷらいやー	プライヤー	pliers
kim giây	ちゅうこ	中古	second hand
Kim lăn vòng bi / ổ đũa kim	にーどるろーらべありんぐ	ニードルローラベアリング	Needle roller bearing
Kim loại hiếm	れあめたる	レアメタル	Rare metal
kim loại mềm	そふとめたる	ソフトメタル	soft metal
Kim loại nặng	じゅうきんぞく	重金属	heavy metals
Kim phun được gắn vào thân van tiết lưu	すろっとるぼでぃーいんじぇくしょん	スロットルボディーインジェクション	throttle body injection
kim phun nhiên liệu cho đường sắt chung	こもんれーるよういんじぇくた	コモンレール用インジェクタ	Common Rail's Injector
kim phun swirl áp lực cao	こうあつすわーるいんじぇくた	高圧スワールインジェクタ	high pressure swirl injector
Kim viết nguệch ngoạc	けがきばり	けがき針	scribing needle
kìm vise	ばいすぷらいやー	バイスプライヤー	vise pliers
Kính an toàn	あんぜんがらす	安全グラス	safety glass
Kính bảo hộ	ほごめがね	保護メガネ	Protective eyewear

kính chắn gió xe	ふろんとがらす	フロントガラス	Front grass
kính cửa	どあがらす	ドアガラス	Door glass
kinh doanh	しょうばい	商売	business
kính màu	ちゃくしょくがらす	着色ガラス	colored glass
Kính nhiệt	てんぱーどぐらす	テンパードグラス	Tempered glass
Kính nhiều lớp, triplex	あわせがらす	合わせガラス	triple glass
Kính thiên văn/ kiểu ống lồng	てれすこぴっく	テレスコピック	Telescopic
Kính thủy tinh luyện	きょうがらす	強化ガラス	toughened glass
Kính Triplex/ kính ba lớp	とりぷれっくすぐらす	トリプレックスグラス	Triplex glass
Kỳ lạ	みょう	妙	Strange
Kỳ lạ/ độc đáo	どくとく	独特	Peculiar
Ký tên	ふごう	符号	Sign
Kỷ luật	しつけ	しつけ	Discipline
Kỹ lưỡng	せいこう	精巧	Elaborate
Kỹ lưỡng/ làm triệt để	てっていする	徹底する	Thorough
Kỹ năng	じゅくれん	熟練	Skill
Kỹ thuật	しゅほう	手法	Technique
Kỹ thuật số/ thuộc về ngón tay	でじたる	デジタル	Digital
kỹ thuật viên/ nhà kỹ thuật	てくにしゃん	テクニシャン	technician
Lái trợ lực điện	でんどうしきぱわーすてありんぐ	電動式パワーステアリング	Electric Drive Type Power Steering
lái xe	どらいぶ	ドライブ	drive
Lái xe / hoạt động	うんてん	運転	drive / operation
Làm	かする	かする	graze
Làm bẩn	よごれる	汚れる	Get dirty
làm cho kêu	ならす	鳴らす	Ring
Làm cong	それる	反れる	Warp
Làm cong/ uốn cong	そらす	反らす	Warp
làm đầy lại/ sự đổ đày lại	ほじゅうする	補充する	refill
làm điều đó cho tôi	してもらう	してもらう	do that for me
làm hư hỏng	そこなう	損なう	Spoil
làm khuôn	かたをつくる	型をつくる	shape
làm lại	てなおし	手直し	rework
làm lạnh	ちるか	チル化	chilling
làm lạnh	ひやす	冷やす	cool
làm mát dầu	おいるくーらー	オイルクーラー	oil coole
làm mềm	そふとにんぐ	ソフトニング	softening
Làm mòn / Mang ra	すりへらす	すり減らす	wear down
làm nhanh	はやめる	早める	Speed up
làm nóng	かねつする	加熱する	to heat
làm phẳng	たいらにする	平らにする	make it flat
Làm phiền	わざわざ	わざわざ	Bother

Làm phiền / trở ngại	じゃまな	邪魔な	Annoying
Làm phiền/ phiền toái	わずらわしい	わずらわしい	Annoying
Làm quen với	なれる	慣れる	Get used to
làm rung lạch cạch	ちゃたりんぐ	チャタリング	chattering
Làm sạch	せいそう	清掃	cleaning
Làm sao	どのように	どのように	How
Làm sắc nét	けずる	削る	shave
làm sắc nét	とぐ	研ぐ	sharpen
làm tăng lên	ます	増す	Increase
Làm tròn	まるくなった	丸くなった	Rounded
làm trọn/ đổ đầy/ làm đầy	みたす	満たす	fulfill
làm trống	からにする	空にする	to empty
làm tổn thương	きずつける	傷つける	hurt
Làm việc theo nhóm	ちーむわーく	チームワーク	Teamwork
Làn đường	しゃせん	車線	Lane
làn sóng	なみ	波	wave
lạnh	つめたい	冷たい	cold
lau/ chùi	ふく	拭く	wipe
Lau đi	ぬぐう	ぬぐう	wipe away
lắc dọc	たてゆれ	縦揺れ	pitching
Lắp ráp	あっしー	アッシー	assembly
lắp ráp túi khí bên	さいどえあばっくあっせんぶり	サイドエアバックアッセンブリ	side air bag assembly
Lần cuối / lần trước	ぜんかい	前回	Last time
Lân lượt từng người một	ぞくぞく	続々	One after another
lần nữa	ふたたび	再び	again
lập dị/ lệch tâm	へんしんの	偏心の	eccentric
lâu rồi không gặp	ひさしぶり	久しぶり	long time no see
Lấy / vồ lấy	つかむ	掴む	grab
lấy góc	かどをとる	かどを取る	to cut a corner
Lên và xuống	じょうげ	上下	Up and down
liên kết delta	でるたりんく	デルタリンク	Delta link
liên tục	たえず	絶えず	constantly
Linh hoạt	じゅなんな	柔軟な	flexible
Linh hoạt	ばんのう	万能	Versatile
Lo	なやます	悩ます	Worry
lo/ lo lắng	しんぱい	心配	worry
lò xo	すぷりんぐ	スプリング	spring
lò xo cuộn	こいるすぷりんぐ	コイルスプリング	coil spring
lò xo đĩa	でぃすくすぷりんぐ	ディスクスプリング	Disc spring
lò xo giảm chấn	だんぱーすぷりんぐ	ダンパスプリング	damper spring
lò xo hẹn giờ	たいまーすぷりんぐ	タイマスプリング	timer spring

lò xo lá	すぷりんぐりーふ	スプリングリーフ	spring leaf
lò xo màng	だいあふらむすぷりんぐ	ダイアフラムスプリング	diaphragm spring
lò xo thanh xoắn	とーしょんんばーすぷりんぐ	トーションバースプリング	Torsion bar spring
lò xo xoắn	とーしょなるすぷりんぐ	トーショナルスプリング	Torsional spring
Lò xo xoắn ốc	つるまきばね	蔓巻きばね	Coil spring
loa	すぴーかー	スピーカー	speaker
Loại cánh tay semi-trailing	せみとれーりんぐがた	セミトレーリングアーム型	Semi trailing arm type
Loại điện từ	でんじしき	電磁式	Electromagnetic type
loại điều khiển dòng điện	でんりゅうせいぎょしき	電流制御式	Current control type
loại đối lập	たいこうがた	対向型	opposed type
Loại động cơ	えんじんかたしき	エンジン型式(E/G型式)	engine type
Loại khô	どらいたいぷ	ドライタイプ	Dry type
loại khớp nối ổ trục	しぇるがたべありんぐかっぷじょいんと	シェル形ベアリングカップジョイント	shell type bearing coupling joint
loại lưu thông không khí bên trong	ないきじゅんかんしき	内気循環式	Inside air circulation type
loại ly hợp một đĩa	たんばんくらっちしき	単板クラッチ式	single plate clutch type
loại năm thấp	ていねんしき	低年式	low age type
loại phun trực tiếp	ちょくふんしき	直噴式	direct injection type
loại piston đối diện	たいこうぴすとんがた	対向ピストン型	opposed piston type
loại tất cả nổi	ぜんふどうしき	全浮動式	all floating type
loại theo dõi	ついじゅうがた	追従型	following type
loại trục trung tâm	せんたぴぼっとたいぷ	センタピボットタイプ	center pivot type
Loại trừ/ ngoại trừ	じょがい	除外	Exclusion
loại xoáy	すわーるりょうほうしき	スワール流方式	swirl type
loạt	しりーず	シリーズ	series
loạt nối tiếp	ちょくれつせつぞく	直列接続	series connection
lõi	あーまちゅあ	アーマチュア	armature
lõi sắt	てっしん	鉄心	iron core
Lõm / Bị chìm	くぼんだ	くぼんだ	recessed / sunken
lõm/ hằn xuống	へこむ	へこむ	to dent
Long đen phẳng	ひらざがね	平座金	Plain washer
Long đen vênh	すぷりんぐわっしゃ	スプリングワッシャ	spring washer
Long Life Coolant(LLC)	ろんぐらいふくーらんと	ロングライフクーラント	Long Life Coolant
lòng đường/ đường xe chạy	しゃどう	車道	roadway
Lỏng lẻo/ không chặt	ゆるい	ゆるい	loose
Lỏng lẻo/ nhẹ nhàng	ゆるやか	緩やか	Loose
lộ trình	しんろ	進路	course
Lỗ hổng	ずれ	ずれ	Gap
Lỗ hổng ôzôn	おぞんほーる	オゾンホール	ozone hole
lỗ thông gió	つうきこう	通気孔	ventilation hole
Lỗ xi lanh	しりんだあな	シリンダ穴	cylinder hole
lồi	とつじょうの	凸状の	convex

Lối ra	あうとれっと	アウトレット	outlet
lộn xộn/ rối bời	むちゃくちゃ	無茶苦茶	Unreasonable
lốp ban nhạc	たいやばんど	タイヤバンド	tire band
lốp đo	だいやげーじ	タイヤゲージ	tire gauge
lốp đôi	だぶるたいや	ダブルタイヤ	double tire
lốp dự phòng	すぺあたいや	スペアタイヤ	spare tire
lốp rắn	そりっどたいや	ソリッドタイヤ	solid tire
lốp runout	たいやのふれ	タイヤの振れ	tire runout
Lốp xe	たいや	タイヤ	tire, tyre
lốp xe bị bỏ rơi	はいたいや	廃タイヤ	Waste tire
lờ mờ/ không rõ ràng	あやふや	あやふや	vague
lời giới thiệu/ lời mở đầu	まえおき	前置き	Introduction
Lời nói đầu/ sự chỉ rõ	すぺしふいけーしょん	スペシフィケーション	specification
lợi thế/ chỗ lợi	りてん	利点	advantage
Lớn và nhỏ	だいしょう	大小	Big and small
lớp	そう	層	layer
lớp học	がっきゅう	学級	class
Lớp học	じゅぎょう	授業	Class
lốp liền săm / lốp không ruột	ちゅーぶれすたいや	チューブレスタイヤ	tubeless tire
lớp lót bán kim loại	せみめたたりっくらいにんぐ	セミメタリックライニング	semi metallic linning
lớp phủ điện	でんちゃくとそう	電着塗装	Electro painting
lớp xen kẽ	ちゅうかんまく	中間膜	interlayer
luật 1:29:300	いちたいにじゅうくたいさんびゃくのほうそく	1:29:300の法則	law of 1:29:300
luật kiểm soát ô nhiễm không khí	たいきおせんぼうしほう	大気汚染防止法	air pollution control law
luật tái chế xe ô tô	じどうしゃりさいくるほう	自動車リサイクル法	Law Concerning Recycling Mesures of End-of-life Vehicles
luật xử lý ô nhiễm chất thải	はいそうほう	廃掃法	law of waste pollution treatment
luộm thuộm	ずさん	ずさん	sloppy
luôn luôn	つねに	常に	always
Luyện thép/ sản xuất sắt	せいてつ	製鉄	Steelmaking
Lựa chọn	せんたく	選択	Choice
Lực Coriolis	こりおりこ	コリオリ力	Coriori force
Lực đẩy vòng bi	すらすとべありんぐ	スラストベアリング	thrust bearing
Lực điện từ	でんじりょく	電磁力	Electromagnetic force
lực hướng xuống	だうんふぉーす	ダウンフォース	down force
Lực kế	だいなもめーた	ダイナモメータ	dynamometer
lực lượng dumping	だんぴんぐふぉーす	ダンピングフォース	dumping Force
lực ly tâm	えんしんりょく	遠心力	centrifugal force
Lực phanh	せいどうりょく	制動力	braking force
lực quay	かいてんりょく	回転力	turning force
lực rung cưỡng buộc	しんどうきょうせいりょく	振動強制力	vibration forcing
lực tốc độ	そくりょく	速力	speed

lực xoắn	ねじりもーめんと	ねじりモーメント	torsional moment
lưỡi/ lưỡi dao	は	刃	blade
Lưới đồng bộ	どうきかみあい	同期噛み合い	Synchronous mesh
Lưỡng cực	りょうきょく	両極	Bipolar
lượng khí thải	そうはいきりょう	総排気量	total displacement
Lượng mưa/ sự kết tủa	ちんでん	沈殿	Precipitation
lưu trữ/ dự trữ	ちょぞう	貯蔵	storage
Ly hợp đĩa khô	どらいでぃすくくらっち	ドライディスククラッチ	Dry disc clutch
Ly hợp khô	かんしきくらっち	乾式クラッチ	dry clutchdry
Ly hợp khô	どらいくらっち	ドライクラッチ	Dry clutch
ly hợp ly tâm	えんしんくらっち	エンシンクラッチ	centrifugal clutch
ly hợp ly tâm tự động	えんしんじどうくらっち	遠心自動クラッチ	centrifugal automatic clutch
ly hợp quá mức	おーばーらんにんぐくらっち	オーバーランニングクラッチ	over running clutch
lý lịch/ bối cảnh/ phông nền	はいけい	背景	background
ma sát	まさつ	摩擦	friction
Ma sát bên trong	ないぶまさつ	内部摩擦	Internal friction
ma sát rắn	こたいまさつ	固体摩擦	solid friction
Mạ điện	でんきめっき	電気メッキ	Electric plating
mã	ふごうけいたい	符号形態	code
mã lực	ばりき	馬力	horsepower
Mã lực phanh	せいどうばりき	制動馬力	braking horsepower
Mạch chỉnh lưu	せいりゅうかいろ	整流回路	rectifying circuit
mạch điện	でんきかいろ	電気回路	electric circuit
mạch nand	なんどかいろ	ナンド回路	nand circuit
mạch nối tiếp	ちょくれつかいろ	直列回路	series circuit
Magiê	まぐねしうむ	マグネシウム	Magnesium
mái trượt	すらいでぃんぐるーふ	スライディングルーフ	sliding roof
Mãi mãi	ずっと	ずっと	Forever
màn trập/ cửa chớp	しゃったー	シャッター	shutter
Mang	かつぐ	担ぐ	carry
Mang/ gánh vác	になう	担う	Carry
Mang đến	もたらす	もたらす	Bring
mang lại gần/ đem tới gần hơn	ちかずく	近付ける	Bring closer
màng	まく	膜	film
màng chắn	だいあふらむ	ダイヤフラム	diaphragm
mạng lưới/ ròng	しょうみ	正味	net
Mảng	はいれつ	配列	Array
Mạnh mẽ / vững chắc	じょうぶな	丈夫な	sturdy / durable
Mảnh vỡ	はへん	破片	Debris
mãnh liệt/ cực kỳ/ kinh khủng	はなはだしい	はなはだしい	Huge
mát	あーす	アース	earth

Mau/ siêng năng	せっせと	せっせと	Quickly
Máy biến áp/ máy biến thế	とらんすふぉーま	トランスフォーマ	Transformers
máy bơm	ぽんぷ	ポンプ	pump
máy bơm cung cấp	ふぃーどぽんぷ	フィードポンプ	Feed pump
Máy bơm gia tốc	かそくぽんぷ	加速ポンプ	accelerator pump
Máy bơm không khí	えあーぽんぷ	エアーポンプ	air pump
Máy bơm nhiên liệu áp lực cao	こうあつふゅーえるぽんぷ	高圧フューエルポンプ	high pressure fuel pump
Máy bơm nước	うぉーたーぽんぷ	ウォーターポンプ	water pump
máy bơm phun loại phân phối	ぶんぱいがたふんしゃぽんぷ	分配型噴射ポンプ	Distributor type injectin pump
Máy bơm phun nhiên liệu	ふゅーえるいんじぇくしょんぽんぷ	フューエルインジェクションポンプ	Fuel injection pump
Máy bơm phun nhiên liệu	ふんしゃぽんぷ	噴射ポンプ	Injection pump
máy bơm quét khí xả	そうきぽんぷ	掃気ポンプ	scavenging pump
Máy cắt khí axetylen	あせちれんがすせつだんき	アセチレンガス切断機	acetylene gas cutter
máy chỉnh lưu	せいりゅうき	整流器	rectifier
máy chỉnh sửa khung	ふれーむしゅうせいき	フレーム修正機	Frame corrector
máy điều nhiệt	さーもすたっと	サーモスタット	thermostat
máy đo bề mặt	とーすかん	トースカン	surface gauge / trusquim
Máy đo để điều chỉnh bánh trước hơi vào trong	とーいんげーじ	トーインゲージ	Toe gauge
Máy đo điện / lực kế điện	でんきどうりょくけい	電気動力計	Electric dynamometer
máy đo độ rung	しんどうけい	振動計	vibrometer
máy đo độ sâu	でぷすげーじ	デプスゲージ	Depth gauge
máy đo tiếng ồn	そうおんけい	騒音計	noise meter
máy đo tốc độ / tốc độ kế	たこめーた	タコメータ	tachometer
Máy đo tốc độ điện	でんきしきかいてんけい	電気式回転計	Electric tachometer
Máy đo tốc độ kỹ thuật số	でじたるたこめーた	デジタルタコメータ	Digital tachometer
máy đo/khí áp kế	げーじ	ゲージ	gauge
máy giặt đẩy	すらすとわっしゃ	スラストワッシャー	thrust washer
máy hút khí	えきぞーすとまにほーるど	エキゾーストマニホールド	exhaust manifold
Máy hủy tài liệu	しゅれだー	シュレダー	Shredder
Máy khoan	どりる	ドリル	Drill
Máy khoan điện	でんどうどりる	電気ドリル	Electric drill
Máy khuếch tán	でぃふゅーざ	ディフューザ	Diffuser
mày kiểm tra lò xo	すぷりんぐてすた	スプリングテスタ	spring tester
máy làm lạnh	ちらー	チラー	chiller
máy mài khuôn	ほーにんぐましん	ホーニングマシン	Honing Machine
máy mài van	ばるぶりふぇーさー	バルブリフェーサー	Valve refacer
Mây mù	すもっぐ	スモッグ	smog
Máy nén điều hòa	えあこんこんぷれっさー	エアコンコンプレッサー	Air-con compressor
máy nén hai giai đoạn / máy nén hai thẳng	つーすてーじこんぷれっさ	ツーステージコンプレッサ	two stage compressor
Máy nén khí	こんぷれっさー	コンプレッサー	compressor

máy nén tăng áp	たーぼこんぷれっさ	ターボコンプレッサ	turbo compressor
máy nhắc hai trụ cột	にちゅうりふと	二柱リフト	Twin pole lift
Máy nhớt kế Saybolt	せいぼるとねんどけい	セイボルトビスコメータ	saybolt viscometer
máy palăng xích	ちぇーんまきあげき	チェーン巻き上げ機	chain hoist machine
Máy phát điện	じぇねれーた	ジェネレータ	generetor
Máy phát điện	だいなも	ダイナモ	dynamo
Máy phát điện	はつでんき	発電機	Generator
máy phát điện / dao điện	おるたねーたー	オルタネーター	alternator
Máy phát điện DC	ちょくりゅうはつでんき	直流発電機	DC generator
Máy phát điện kích thích độc lập	たれいじはつでんき	他励磁発電機	separated excitation generator
máy phát siêu âm	ちょうおんぱはっしんき	超音波発信器	ultrasonic transmitter
máy quạt tuabin	たーぼぶろう	ターボブロウ	turbo blow
máy sấy khô	えばぽれーたー	エバポレーター	evaporator
Máy spoiler	えあすぽいら	エアスポイラ	air spoiler
máy tách	せぱれーた	セパレータ	separator
Máy tháo dỡ nhiều ô tô	まるちじどうしゃかいいたいき	マルチ自動車解体機	Multi car dismantling machine
Máy thổi ly tâm đa cánh	たーぼふぁん	ターボファン	turbo fan/Centrifugal blower
máy thu gom Freon	ふろんかいしゅうき	フロン回収機	Freon collection machine
Máy tính điều khiển truyền dẫn	とらんすみっしょんこんとろーるこんぴゅーた	トランスミッションコントロールコンピュータ	Transmission control computer
máy tính động cơ	えんじんこんぴゅーた	エンジンコンピュータ	engine computer
Mặt bích	ふらんじ	フランジ	Flange
Mặt chính / trước mặt	しょうめん	正面	front face
Mặt hàng tái chế cụ thể	とくていさいしげんかぶっぴん	特定再資源化物品	specific recycling articles
Mặt nước	すいめん	水面	Water surface
mặt phẳng trung hòa	ちゅうりつめん	中立面	neutral plane
mặt phẳng/ bình diện	へいめん	平面	plane
mặt sau	こうめん	後面	back face
mâm cặp	ちゃっく	チャック	chuck
Mâm xôi vừa/ cái giũa vừa	なかめやすり	中目やすり	Medium rasp
Mấp mô	でこぼこ	でこぼこ	Bumpy
Mấp mô/ gập ghềnh	でこぼこの	デコボコの	Bumpy
mất hiệu lực của trí nhớ	どわすれ	度忘れ	lapse of memory
mất mát	そんしつ	損失	loss
mất/ hết	なくなる	無くなる	There is no
Mâu thuẫn	むじゅん	矛盾	Contradiction
mẫu vật	みほん	見本	sample
mét khói	すもーくめーた	スモークメータ	smoke meter
Mềm	やわらかい	柔らかい	soft
mềm đầu	そふととっぷ	ソフトトップ	soft top
mềm dẻo / Linh hoạt	じゅうなんな	柔軟な	flexible
Mệt mỏi	ひろう	疲労	fatigue

Mệt mỏi/ chà	すれる	すれる	rub
Mêtan	めたん	メタン	Methane
Micromet để đo nội bộ	ないそくようまいくるめーた	内測用マイクロメータ	Micrometer for internal measurement
móc câu	ひっかける	引っ掛ける	hook
Molypden	もりぶでん	モリブデン	Molybdenum
Mỏ đô thị	としこうざん	都市鉱山	Urban mine
mong manh	せんさい	繊細	delicate
mong muốn	のぞましい	望ましい	desirable
motor hỗ trợ	あしすともーたー	アシストモーター	assist motor
moyayơ / tục bánh xe	はぶ	ハブ	Hub
mô hình thể thao	すぽーつもでる	スポーツモデル	sport model
mô-men xoắn	とるく	トルク	torque
mô-men xoắn phanh	せいどうとるく	制動トルク	braking torque
Mô-men xoắn tốc độ thấp	ていそくとるく	低速トルク	Low speed torque
Mô-men xoắn tối đa	さいだいとるく	最大トルク	maximum torque
Mômen xoắn/ ống xoắn	とるくちゅーぶ	トルクチューブ	Torque tube
mô phỏng	しみゅれーしょん	シミュレーション	simulation
Mô phỏng	みならう	見習う	Emulate
mô tơ đấu hỗn hợp	ふくまきでんどうき	複巻電動機	compound motor
Mỗi	それぞれ	それぞれ	Each
Mối thù ghét	はんぱつ	反発	Repulsion
một cách êm ả	すんなり	すんなり	Smoothly
một chút	しょうしょう	少々	a little
Một chút	ちょっと	ちょっと	A little
một chút gì	ちっとも	ちっとも	At least
Một giá trị được xác định bởi hình dạng và kích thước của diện tích mặt cắt ngang của thép	だんめんにじもーめんと	断面2次モーメント	secondary moment of area
Một lần/ trước	かつて	かつて	once
một pha AC	たんそうこうりゅう	単相交流	single phase AC
một phần tư bảng	くぉーたーぱねる	クォーターパネル	quarter panel
Một thiết bị cho biết hướng xe đang chạy	ほうこうしじき	方向指示器	Direction indicator
Một thiết bị phân phối công suất động cơ	どうりょくぶんぱいそうち	動力分配装置	Power distribution device
Một tỷ lệ để biểu thị dung lượng của pin	にじゅうじかんりつ	２０時間率	20 hour rate
một vài	しょうすう	少数	a few
Một vết nứt / Rạn nứt	さけめ	裂け目	split / rift
Mơ hồ	ぼんやり	ぼんやり	Vaguely
Mơ hồ/ không rõ ràng	ばくぜんと	漠然と	Vaguely
Mờ dần sức đề kháng	たいふぇーど	耐フェード	fade resistance
Mờ nhạt	かすか	微か	faint
mở	あける	開ける	open

Mở hoàn toàn	ぜんかい	全開	Fully open
Mỏ lết điều chỉnh	もんきーれんち	モンキーレンチ	monkey wrench
mở/ ngỏ	ひらく	開く	open
mở ra/ buông	はなす	放す	throw open
Mở rộng	かくちょう	拡張	expansion
Mở rộng lỗ	あなをひろげる	穴を広げる	enlarge the hole
mở rộng/ kéo dài	のびる	伸びる	extend
mở rộng/ kéo dài ra	のばす	伸ばす（延ばす）	extend
Mưa axít	さんせいう	酸性雨	Acid rain
mục đích	ねらい	ねらい	aim
Mục Hỏi và trả lời	しつぎおうとう	質疑応答	Question-and-answer session
mục lục	かたろぐ	カタログ	catalog
Mũi khoan	どりつのせんたん	ドリルの先端	drill tip
Mũi tên	やじるし	矢印	Arrow
mức độ cơ bản	しょきゅう	初級	Beginner
Mức nước	すいい	水位	Water level
Nam châm điện	でんじしゃく	電磁石	Electro magnet
Nam châm Ferrite	ふぇらいとじしゃく	フェライト磁石	Ferrite magnet
Nam châm neodymi	ねおじむじしゃく	ネオジム磁石	Neozim magnet
nan hoa	すぽーく	スポーク	spoke
natri	なりとうむ	ナトリウム	sodium
Năng lượng bên trong	ないぶえねるぎ	内部エネルギ	Internal energy
Năng lượng điện	でんりょくりょう	電力量	Electric energy
năng lượng mặt trời	たいようえねるぎー	太陽エネルギー	solar energy
Năng lượng sạch xe	くりーんえねるぎーじどうしゃ	クリーンエネルギー自動車	clean energy vehicle
Năng lượng tái tạo	さいせいかのうえねるぎー	再生可能エネルギー	Renewable Energy
Năng lượng thủy lực	すりょく	水力	Hydraulic power
năng lượng vận tốc	そくどえねるぎー	速度エネルギー	velocity energy
Nắp	ふた	蓋	lid
nắp	きゃっぷ	キャップ	cap
Nắp bộ tản nhiệt	らじえーたきゃっぷ	ラジエータキャップ	Radiator cap
nắp ca pô/ Mui xe	ぼんねっと	ボンネット	Bonnet
Nắp cho các bộ phận trượt	たぺっとかばー	タペットカバー	tappet cover
nắp động cơ	えんじんふーど	エンジンフード	engine hood
Nâng cao	じょうきゅう	上級	Advanced
Nâng cao	しんしゅつ	進出	Advance
nâng van	たぺっと	タペット	tappet
ném/ vứt	なげる	投げる	throw
Nén	あっしゅく	圧縮	compression
nén đoạn nhiệt	だんねつあっしゅく	断熱圧縮	adiabatic compression
Nén/ chườm ướt	しっぷ	湿布	Compress

Neon	ねおん	ネオン	Neon
net mã lực	しょうみしゅつりょく	正味出力	net horsepower
Nêm chia	すぷりっとこった	スプリットコッタ	split cotter
Nếp nhăn	しわ	しわ	Wrinkles
Nếu	もしも	もしも	If
Nếu/ trường hợp	ばあい	場合	case / occasion
Nếu bạn nói vậy/ về chủ đề đó	そういえば	そう言えば	If you say so
Nếu bạn suy nghĩ cẩn thận/ sâu sắc	つくづく	つくづく	keenly
Nếu bất cứ điều gì	どうせなら	どうせなら	If anything
Ngâm	ひたす	浸す	Soak
ngăn chặn	ふせぐ	防ぐ	prevent
Ngăn chặn/ cahr trở	はばむ	阻む	Prevent
ngắn mạch	たんらく	短絡	short circuit
ngắn mạch dòng	せんかんたんらく	線間短絡	line short
Ngắt kết nối	でぃすこねくと	ディスコネクト	Disconnect
ngẫu nhiên gặp	ばったり	ばったり	with in thud
Ngay cả một chút	すこしも	少しも	Even a little
ngay lập	そく	即	Immediately
ngay lập tức	そくざに	即座に	Immediately
ngay lập tức	ただちに	ただちに	immediately
ngay lập tức pin	そくようしきばってり	即用式バッテリ	quick use battery
Ngay sau khi	ちょくご	直後	Right after
Ngay trước đó	ちょくぜん	直前	Immediately before
nghèo/ không đủ	とぼしい	乏しい	poor
nghẹt thở	ちょーく	チョーク	choke
Nghề nghiệp	しょくぎょう	職業	Profession
nghịch lại	あべこべ	あべこべ	inverse
Nghiêm trọng/ trọng đại	じゅうだい	重大	Serious
Nghiêm túc	しんけんに	真剣に	Seriously
Nghiêng / Để nghiêng	けいしゃする	傾斜する	incline
nghiêng / Dốc	けいしゃ	傾斜	inclination / slope
ngoài ra	それに	それに	in addition
ngoại trừ/ loại trừ	のぞく	除く	except
ngón chân	とー	トー	toe
ngồi xổm	しゃがむ	しゃがむ	squat
nguồn	みなもと	源	source
Nguồn cấp	でんげん	電源	Power supply
Nguồn nhân lực	にんざい	人材	Human resources
nguyên chất	じゅんすい	純粋	pure
nguyên nhân	ひきおこす	引き起こす	cause
nguyên nhân tố	よういん	要因	Factor

Ngược chiều kim đồng hồ	はんとけいまわり	反時計回り	counterclockwise
người bán hàng	せーるすまん	セールスマン	salesman
Người bắt đầu	しょしんしゃ	初心者	Beginner
Người buôn bán	でーらー	デーラー	Dealer
người dùng cuối	えんどゆーざー	エンドユーザー	end user
người gửi	せんだー	センダー	sender
người lưu diễn	つあらー	ツアラー	tourer
người nghiệp dư	しろおと	素人	amateur
người sử dụng	ゆーざー	ユーザー	user
Người theo dõi không có khoảng cách	ぜろらっしたぺっと	ゼロラッシタペット	zero rush tappet
Ngưỡng cửa	どあしる	ドアシル	Door sill
Ngưỡng cửa bên	さいどしる	サイドシル	side shill
Nhà để xe	しゃこ	車庫	Garage
Nhà máy được chứng nhận	にんしょうこうじょう	認証工場	Certified factory
nhà máy sửa chữa	じゅうりこうじょう	修理工場	Repair plant
Nhà phân phối loại bơm	でぃすとりびゅーたたいぷぽんぷ	ディストリビュータタイプポンプ	Distributor type pump
nhà sản xuất thiết bị gốc	あいてさきぶらんど	相手先ブランド	Original Equipment Manufacturer
Nhà thầu bảo dưỡng ô tô	じどうしゃせいびぎょうしゃ	自動車整備業者	automotive maintenance supplier
Nhảm nhí	でたらめ	でたらめ	Bullshit
Nhân công/ công sức	てま	手間	Labor
nhân tạo	じんこうの	人工の	artificial
nhân tạo	にんぞう	人造	Man-made
Nhân vật/ hình dáng	ず	図	Figure
nhấn mạnh	じゅうしする	重視する	To emphasize
Nhấn mạnh/ điểm quan trọng	じゅうてん	重点	Emphasis
Nhận được	しゅしん	受信	Receive
Nhanh chóng	じんそく	迅速	Quick
Nhanh chóng	すみやかに	速やかに	Promptly
Nhấp nháy	てんめつしき	点滅式	Flashing
nhất định / bạn phải	かならず	必ず	you have to / without fail
nhất thiết	かならずしも	必ずしも	necessarily
nhạy cảm	びんかん	敏感	sensitive
Nhảy	じゃんぷ	ジャンプ	Jump
Nhảy ra ngoài	とびだす	飛び出す	Jump out
Nhẹ nhàng/ ít nhiều	じゃかん	若干	Slightly
Nhiệm vụ	しょくむ	職務	Duties
Nhiệm vụ	せきむ	責務	Responsibility
nhiệm vụ/ sứ mệnh	にんむ	任務	mission
Nhiên liệu hóa thạch	かせきねんりょう	化石燃料	fossil fuel
Nhiên liệu sinh học	ばいおねんりょう	バイオ燃料	biofuel
Nhiệt điện	でんねつ	電熱	Electric heat

Nhiệt độ	てんぱー	テンパ	Temper
Nhiệt độ	てんぱれちゃ	テンパレチャ	Tempareture
nhiệt độ bắt lửa	ちゃっかおんど	着火温度	ignition temperature
Nhiệt độ cần thiết để không khí thoát ra khỏi cửa ra	ひつようふきだしおんど	必要吹出温度	temperature air output
Nhiệt độ Celsius	せっしおんど	摂氏温度	Celsius temperature
nhiệt lượng	ねつりょう	熱量	Calorie
nhiều	たっぷり	たっぷり	plenty
Nhiều	ふくすう	複数	Multiple
Nhiều	よほど	余程	Much
Nhiều/ cực độ	ずいぶん	随分	Much
nhiều/ khá	だいぶ	大分	very / much / quite
Nhiều/ ở mức độ đó	しれほど	それ程	That much
nhiều hơn và nhiều hơn nữa	ますます	ますます	more and more
nhiều xi-lanh	たしりんだ	多シリンダ	multi-cylinder
nhiễu loạn	たーびゅらんす	タービュランス	turbulence
Nhìn chung	ぜんめんてき	全面的	Overall
Nhìn/ ngâm	しみる	しみる	Simmer
Nhỏ	こじんまりとした	こじんまりした	small
nhổ/ rút/ kéo ra	ぬく	抜く	Pull out
nhọn	するどい	鋭い	sharp
Nhón chân ra	とーあうと	トーアウト	Toe out
Nhôm	あるみにうむ	アルミニウム	aluminum
nhu cầu	じゅよう	需要	demand
Nhũ tương/ nhũ hóa	にゅうか	乳化	Emulsification
như hiện tại	とうぶん	当分	For the time being
Như nó là	そのまま	そのまま	As it is
Như thường lệ/ Như mọi khi	あいかわらず	相変わらず	as usual
Nhựa cốt sợi	きょうかぷらすちっく	強化プラスチック	Fiber Reinforced Plastics
Nhựa epoxy	えぽきしじゅし	エポキシ樹脂	epoxy resin
Nhựa gia cố sợi	せんいきょうかぷらすちっく	繊維強化プラスチック	Fibergalss Reinforced Plastic
nhựa hàn	はんだぺーすと	半田ペースト	Solder paste
Nhựa polyethylene	ぽりえちれんじゅし	ポリエチレン樹脂	Polyethylene resin
nhựa PVC	えんかびにーる	塩化ビニール	Polyvinyl Chloride
Nhựa sinh học	ばいおぷらすてぃっく	バイオプラスチック	bio-plastic
Nhưng	だが	だが	But
Niken	にっける	ニッケル	Nickel
Nitơ	ちっそ	窒素	Nitrogen
nitơ ô-xít	ちっそさんかぶつ	窒素酸化物	Nitrogen Oxides
nitrit	ちっか	窒化	nitride
Nó	それ	それ	It
Nó đã bị chặn	ふさがれた	ふさがれた	blocked

Nó được thực hiện	すんだ	済んだ	It is done
Nó là đầu của thanh nối lái	たいろっどえんど	タイロッドエンド	Tie-rod end
Nói chung	ろくに	ろくに	In general
nói cách khác/ có nghĩa là	すなわち	すなわち	that is
Nói ngắn gọn	ようするに	要するに	in short
Nóng	あつい	熱い	hot
Nóng quá mức	おーばーひーと	オーバーヒート	overheat
nổ	ばくはつ	爆発	explosion
nối tiếp	ちょくれつ	直列	in series
nội bộ	ないぶ	内部	internal
Nội dung	ないよう	内容	Content
Nội trú	じょうしゃ	乗車	Boarding
nổi bật	すぐれた	優れた	outstanding
Nổi bật/ đáng chú ý	はつぐん	抜群	Outstanding
nồng độ	のうど	濃度	concentration
Nơi giữ dụng cụ cắt vít	たっぷほるだ	タップホルダ	tap holder
nơi làm việc	しょくば	職場	workplace
nới lỏng	ゆるめる	緩める	loosen
Nới lỏng/ lỏng lẻo/ giảm	ゆるむ	緩む	Loosen
Núm vú	にっぷる	ニップル	Nipple
nung nóng/ nổi nóng	ねっする	熱する	heat
Nút chọn	せれくとぼたん	セレクトボタン	select button
nửa đầu	ぜんはん	前半	first half
Nước cất	じょうりゅうすい	蒸留水	distilled water
Nước làm mát	れいきゃくすい	冷却水	Cooling water
Nước mềm	なんすい	軟水	Soft water
nước rửa	うぉっしゃーえき	ウォッシャー液	washer fluid
OBD2	おーびーでぃーつー	OBD2	OBD-II
Oxit lưu huỳnh	いおうさんかぶつ	硫黄酸化物	Sulfurous Oxide
ô nhiễm bụi	ぶんじんこうがい	粉じん公害	dust pollution
ô nhiễm cảm giác	かんかくこうがい	感覚公害	sensory pollution
Ô nhiễm không khí	たいきおせん	大気汚染	air pollution
Ô tô	じどうしゃ	自動車	Automobile
ô tô CNG	しーえぬじーじどうしゃ	ＣＮＧ自動車	CNG vehicle
Ô tô có mái che cố định	せだん	セダン	sedan
Ổ trục côn/ ổ đũa côn	てーぱろーらべありんぐ	テーパローラベアリング	Tapered roller bearing
ổ cắm	そけっと	ソケット	socket
ốc chỉnh xú páp / Vít điều chỉnh cho các bộ phận trượt	たぺっとあじゃすてぃんぐすくりゅ	タペットアジャスティングスクリュ	tappet adjusting screw
Ồn ào	そうぞうしい	騒々しい	Noisy
Ổn định	すたびらいざー	スタビライザー	stabilizer
Ổn định/ đều đều	どんどん	どんどん	Steadily

Ông chủ	じょうし	上司	boss
ống	ちゅーぶ	チューブ	tube
ống/ ống dẫn	ぱいぷ	パイプ	pipe
Ống bảo vệ xe trong trường hợp bị ngã	ろーるばー	ロールバー	Roll bar
ống dẫn	だくと	ダクト	duct
ống lốp	たいやちゅーぶ	タイヤチューブ	tire tube
ống lót xi lanh khô	どらいしりんだらいな	ドライシリンダーライナー	Dry cylinder liner
ống nghe	ちょうおんき	聴音器	sound scope
ống nghe	ちょうしんき	聴診器	stethoscope
Ống xả	えきぞーすとぱいぷ	エキゾーストパイプ	exhaust pipe
Ở đâu cho đến khi	どこまで	どこまで	Where until
Ở giữa	ちゅうかん	中間	Middle
ở giữa	まんなか	真ん中	middle
ở ngoài	そとがわ	外側	outside
Palăng xích	ちぇーんほいすと	チェーンホイスト	chain hoist
Palladium	ぱらじうむ	パラジウム	Palladium
panel năng lượng mặt trời	そーらーぱねる	ソーラーパネル	solar panel
pha loãng	だいりゅーしょん	ダイリューション	dilution
pha trộn	まぜる	混ぜる	mix
Phá vỡ mở / Cạy mở	こじあける	こじ開ける	break open / pry open
phá vỡ/ đánh vỡ/ phá bỏ	こわす	壊す	break down
Phải	しなければならない	しなければならない	Must
Phạm vi âm thanh	さうんどすこーぷ	サウンドスコープ	sound scope
Phạm vi D	でぃーれんじ	Ｄレンジ	D range
phạm vi R	あーるれんじ	Ｒレンジ	R range
phản lực chậm	すろーじぇっと	スロージェット	slow jet
phản ứng	はんおう	反応	reaction
Phản ứng dữ dội/ khe hở/ khoảng trống	ばっくらっしゅ	バックラッシュ	backlash
phân đoạn	せぐめんと	セグメント	segment
phần	せくしょん	セクション	section
Phần bổ sung	ほそく	補足	Supplement
phần cữ	ちゅうこぶひん	中古部品	second hand parts
Phần hậu mãi	あふたーまーけっとぶひん	アフターマーケット部品	Aftermarket part
phần kênh	ちゃんねるせくしょん	チャンネルセクション	channel section
Phần kết luận	けつろん	結論	conclusion
Phần lớn	たいはん	大半	Most
phần lớn/ vô cùng/ cực kỳ	もっとも	最も	most
Phần nào đó	たしょう	多少	Somewhat
Phân số	ぶんすう	分数	Fraction
phần thừa/ phần thêm	よぶん	余分	extra
phân tích	ぶんせき	分析	analysis

Phần trên	じょうぶ	上部	Upper part
Phần ứng	でんきし	電機子	Armature
phanh	せいどうき	制動機	brake
Phanh đĩa	でぃすくぶれーき	ディスクブレーキ	Disc brake
phanh trung tâm	せんたぶれーき	センタブレーキ	center brake
pháp luật	ほうそく	法則	law
phát nhiệt	はつねつ	発熱	Fever
Phát triển	しんぽ	進歩	Progress
phát triển	はったつ	発達	development
Phép nhân	かけざん	掛け算	multiplication
Phép trừ/ tính trừ	ひきざん	引き算	subtraction
phí tái chế	りさいくるりょうきん	リサイクル料金	Recycling fee
Phía trong/ bên trong	ないぶの	内部の	Inside
Phía trước mặt	てまえ	手前	In front
phích cắm/ nút	せん	栓	plug
Phiên bản khí động học kiểm so át	すぽいら	スポイラ	spoiler
Phiếu kiểm tra	すりっぷちぇっく	スリップチェック	slip check
Phím côn	てーぱきー	テーパキー	Taper key
Phòng ban	がっか	学科	department
Phòng cháy chữa cháy	ぼうか	防火	Fire protection
Phòng ngừa	ぼうし	防止	Prevention
Phòng thủ	しゅび	守備	Defense
phòng trưng bày	しょーるーむ	ショールーム	showroom
phóng đại	ばいりつ	倍率	magnification
Phóng điện/ dòng chảy	でぃすちゃーじ	ディスチャージ	Discharge
Phóng điện/ tháo điện	はいしゅつ	排出	Discharge
Phóng to	おおきくする	大きくする	enlarge
Phỏng đoán	すいそく	推測	Guess
Phổ doanh / Khớp phổ quát	じざいつぎて	自在継手	universal joint
Phù hợp	てきとう	適当	suitable
Phù hợp / Thích hợp	てきせつな	適切な	appropriate
Phụ gia	てんかざい	添加剤	Additive
Phụ kiện	あくせさり	アクセサリ	accessary
phụ kiện	ふぞくひん	付属品	accessories
Phụ tùng	すぺあぱーつ	スペアーパーツ	spare parts
Phụ tùng chính hãng	じゅんせいぶひん	純正部品	genuine parts
Phủi bụi	ちりよけ	塵除け	dust removal
phun CNG	しーえぬじーいんくじぇくた	ＣＮＧインジェクタ	CNG injector
phun nhiên liệu trung tâm	せんとらるふゅーえるいんじぇくしょん	セントラルフューエルインジェクション	central fuel injection
phun trực tiếp	だいれくといんじぇくしょん	ダイレクトインジェクション	direct Injection
phức tạp	ふくざつ	複雑	complexity

phương hướng	ほうこう	方向	direction
phương pháp	ほうしき	方式	method
phương pháp	ほうほう	方法	Method
Phương pháp đánh lửa	ちゃっかほうしき	着火方式	Ignition method
Phương pháp điều khiển điện áp	でんあつせいぎょほうしき	電圧制御方式	Voltage control method
Phương pháp giải pháp để quản lý doanh nghiệp hợp lý do WFN ủng hộ, v.v.	けんこうけいえい	健康経営	Solution approach to rational business management supported by WFN, etc
Phương pháp giải phóng nhiên liệu đều đặn	ていじふんしゃほうしき	定時噴射方式	Timed injection
phương pháp góc ba	だいさんかくほう	第三角法	third angle method
phương pháp góc đầu tiên	だいいちかくほう	第一角法	first angle method
phương pháp kiểm tra siêu âm	ちょうおんぱたんしょうほう	超音波探傷法	ultrasonic inspection method
phương pháp phun trực tiếp	ちょくせつふんしゃほうしき	直接噴射方式	direct injection method
phương pháp sạc dòng điện liên tục	ていでんりゅうじゅうでんほう	定電流充電法	Constant current charging method
Phương pháp sản xuất	せいほう	製法	Manufacturing method
phương pháp thấm nitơ	ちっかほう	窒化法	nitriding method
phương pháp trực tiếp	ちょくせつほう	直接法	direct method
phương thức phun nhiên liệu Sequential	しーけんしゃるふんしゃほうしき	シーケンシャル噴射方式	sequential injection method
phương tiện/ xe cộ	しゃりょう	車両	vehicle
phương trình	ほうていしき	方程式	equation
Pin / ắc quy	ばってりー	バッテリー	battery
Pin ECU	ばってりーいーしーゆー	バッテリーECU	battery ECU
Pin lithium-ion	りちゅうむいおんでんち	リチウムイオン電池	Litium-ion battery
pin lưu trữ	ちくでんち	蓄電池	storage battery
pin nhiên liệu	ねんりょうでんち	燃料電池	Fuel cll
Pin nickel-cadmium	にっかどでんち	ニッカド電池	Nickel cadmium battery
Pin phụ	にじでんち	二次電池	Secondary battery
Pin sạc/ tế bào thứ cấp	せかんだりせる	セカンダリセル	secondary cell
Pins	こったぴん	コッタピン	cotter pin
Piston	ぴすとん	ピストン	piston
pít tông dép váy	すりっぱすかーとぴすとん	スリッパスカートピストン	slipper skirt piston
pittông hình elip	だえんぴすとん	楕円ピストン	elliptical piston
pittông song song / pittông tiếp đôi	たんでむぴすとん	タンデムピストン	tandem piston
Polycarbonate/ nhựa PC	ぽりかーぼねーと	ポリカーボネート	Polycarbonate
Polypropylene	ぽりぷろぴれん	ポリプロピレン	Polypropylene
Polyvinyl butyral	ぽりびにーるぶちらーる	ポリビニールブチラール	Polyvinyl butyral
Prop/ đi khệnh khạng	すとらっと	ストラット	strut
puli đệm	あいどるぷーり	アイドルプーリ	Idle pulley
phương pháp phát hiện lỗ hổng điện từ	でんじたんしょうほう	電磁探傷法	Electromagnetic powder method
quá mức/ quá nhiều	かどの	過度の	excessive
Quá nóng	かねつ	過熱	overheating

Quá nóng	かねつした	過熱した	overheated
quá trình	かてい	過程	process
quả nhiên/ quả thật	いかにも	いかにも	surely
quan điểm/ quan điểm	してん	視点	point of view
quan sát	かんさつする	観察する	Observe
Quan tâm/ chăm sóc	ていれ	手入れ	Care
quan trọng	じゅような	重要な	important
quảng trường	しかくけい	四角形	rectangle
Quạt điện	でんどうふぁん	電動ファン	Electric fan
quạt khớp nối	かっぷりんぐふぁん	カップリングファン	couplling fan
quạt trượt	すりっぷふぁん	スリップファン	slip fan
quay	かいてんする	回転する	rotate
quay	まわる	回る	spin
Quay số	だいやる	ダイヤル	Dial
Quay số đo	だいあるげーじ	ダイアルゲージ	dial gauge
quay trong phạm vi/ bán kính quay vòng	せんかいはんけい	旋回半径	turning radius
Quay vòng/ cuộn quanh	てんてん	転々	Turning around
Quây cảm biến góc	くらんくかくせんさー	クランク角センサー	crank angle sensor
quét khí xả	そうき	掃気	scavenging
quyền lực/ sức mạnh	ぱわー	パワー	power
quyết định	けっていする	決定する	decide
quyết định	はんだんする	判断する	to decide
Rác	ごみ	ごみ	garbage
Rã đông	でふろすた	デフロスタ	Defroster
Rải rác	ちらばる	散らばる	Scattered
rãnh	みぞ	溝	groove
Rắc rối	とらぶる	トラブル	Trouble
rắn chắc	がっしり	がっしり	solid
rắn piston	そりっどぴすとん	ソリッドピストン	solid piston
răng	つーす	ツース	tooth
răng cưa	ぎざぎざの	ぎざぎざの	jagged
răng cưa	せれーしょん	セレーション	serration
rất	はなはだ	はなはだ	Very
rất tốt	ゆうりょうな	優良な	excellent
Rất/ không…một chút nào	なんとも	何とも	cannot say / indiscribable
RECO Nhật bản	れこじゃぱん	ＲＥＣＯジャパン	RECO Japan
rèm kiểu túi khí	かーてんしきえあーばっく	カーテン式エアーバック	curtain type airbag
ren vít trong	めねじ	めねじ	female thread
rèn	たんぞう	鍛造	forging
Rỉ	さび	錆	rust
Rỉ	さびた	錆びた	rusted

Rỉ sét	さびつく	錆つく	to rust
riêng biệt/ riêng rẽ từng cái	べつべつ	別々	separately
Rò rỉ	もれ	漏れ	leakage
rõ ràng	あきらか	明らか	clear
rõ ràng và chính xác	めいかく	明確	Clear
Ròng rọc	かどうしーぷ	可動シーブ	mobile shipe
Rộng	はばひろい	幅広い	Wide
Rốt cuộc/ dù thế nào đi nữa	なにしろ	何しろ	as you know
rủi ro	りすく	リスク	risk
Rung chuyển	ふれつ	振れる	Shake
rung động	しんどう	振動	vibration
rung động cứng nhắc	ごうたいしんどう	剛体振動	rigid vibration
Rung thứ cấp	にじしんどう	二次振動	Secondary vibration
rút gọn/ lược bỏ	しょうりゃく	省略	abridgement
Rút phích cắm	せんをぬく	栓を抜く	to unplug
rút/ lấy ra	ひきだす	引き出す	Withdraw
Rửa	せんじょう	洗浄	Washing
Rửa sạch	すすぐ	すすぐ	Rinse
rửa sạch/ súc	ゆすぐ	濯ぐ	rinse
rửa xe	せんしゃ	洗車	car wash
sạc	じゅうでん	充電	charging
sạc ánh sáng	ちゃーじらいと	チャージライト	charge light
sạc điện	ちゃーじ	チャージ	charge
Sách	しょせき	書籍	Books
sách giáo khoa	てきすとぶっく	テキストブック	textbook
sạch sẽ	せいじょうせい	清浄性	cleanliness
Sạch sẽ / dọn dẹp	せいけつな	清潔な	clean
sai số cho phép	きょようごさ	許容誤差	tolerance
sản phẩm mới	しんせいひん	新製品	new product
sản xuất	せいさん	生産	production
Sản xuất điện/ phát điện	はつでん	発電	Power generation
Sản xuất OEM	おーいーえむせいさん	OEM生産	Original Equipment Manufacturer
sang trọng	でらっくす	デラックス	Deluxe
sang trọng/cao cấp	こうきゅうな	高級な	deluxe
Sáng bóng	ぴかぴか	ピカピカ	Shiny
Sáng kiến/ chủ đạo	しゅどう	主導	Initiative
sáp	わっくす	ワックス	wax
sau đó	それから	それから	then
Sau đó	それでは	それでは	Then
Sắc lệnh/ điều lệnh	じょうれい	条例	Ordinance
Sắp xếp	ととのえる	整える	Arrange

Sắp xếp/ sự xếp thành hàng	せいれつ	整列	alignment
sắp/ chẳng bao lâu nữa	まもなく	間もなく	Soon
Sắt	てつ	鉄	Iron
sắt hàn/ mỏ hàn	はんだごて	半田ごて	soldering iron
sân cỏ/ hắc ín	ぴっち	ピッチ	pitch
sân khấu/ bước	だん	段	stage
Sâu / Hư hỏng	そんがいのある	損害のある	damaged
sâu/ khó lường/ trầm	ふかい	深い	deep
scribble stick	げんしょう	減少	decrease
seal dầu	おいるしーる	オイルシール	oil seal
selen	せれにうむ	セレニウム	selenium
siêu tăng áp	かきゅうき	過給機	supercharger
Silencer / bộ giảm thanh	しょうおんき	消音器	muffler
Silicon	けいそ	珪素	Silicon
silicon nitride	ちっかけいそ	窒化珪素	silicon nitride
Slalom	すらーろむ	スラローム	slalom
Solenoid	それのいど	ソレノイド	solenoid
So sánh	ひかく	比較	Comparison
soạn thảo	せいず	製図	drafting
soi sáng	ひかる	光る	shine
Soi sáng/ chiếu sáng	てらす	照らす	Illuminate
sỏi	じゃり	砂利	gravel
Song song / tương đông	へいこうな	平行な	Parallel
Song song, tương đông	へいれつ	並列	Parallel
Sóng hình sin	せいげんは	正弦波	sine wave
Sóng radio	でんぱ	電波	Radio wave
sóng siêu âm	ちょうおんぱ	超音波	ultrasonic wave
Số âm	ふすう	負数	negative nambers
số Cetane	せたんか	セタンナンバ	cetane number
số chẵn	ぐうすう	偶数	even numbers
số chỉ định kiểu mẫu	かたしきしていばんごう	型式指定番号	type specified number
Số đăng ký tấm	とうろくばんごうひょう	登録番号標	Number plate
số dương	せいすう	正数	positive numbers
Số ít/ số đơn	たんすう	単数	Singular
số không đổi	ていすう	定数	constant
Số lẻ	きすう	奇数	odd numbers
Số lượng lớn	たいりょう	大量	Large amount
Số lượng nhỏ	しょうりょう	少量	Small amount
Số lượng rất nhỏ	びりょう	微量	Very small amount
số nguyên	せいすう	整数	integer
Số nhị phân	にしんすう	二進数	Binary number

số sê-ri	しりあるなんば	シリアルナンバー	serial number
Sổ bảo trì	せいびてちょう	整備手帳	maintenance notebook
Sổ dữ liệu	でーたぶっく	データブック	Data book
sổ tay	まにゅある	マニュアル	manual
Số thứ tự	じょすう	序数	cardinal numbers
Số tờ	まいすう	枚数	Number of sheets
số xe	しゃりょうばんごう	車両番号	fleet number
sốc	しょっく	ショック	shock
Sơ tán	ひなん	避難	Evacuation
Sợi carbon	かーぼんふぁいばー	カーボンファイバー	carbon fiber
Sợi carbon	たんそせんい	炭素繊維	Carbon fiber
Sơ cấp	しょほ	初歩	Beginning
sơn kháng pitch	たいぴっちとそう	耐ピッチ塗装	pitch resisting paint
Sơn phim / lớp sơn	とまく	塗膜	Paint film
Sơn tĩnh điện	せいでんとそう	静電塗装	electrostatic painting
Sơn/ vẽ	ぬる	塗る	paint
spacer	すぺーさ	スペーサ	spacer
Spline trục	すぷらいんしゃふと	スプラインシャフト	spline shaft
Spoiler trên cằm	ちんすぽいらー	チンスポイラー	chin spoiler
sprag ly hợp	すぷらぐくらっち	スプラグクラッチ	sprag clutch
sprung trọng lượng	すぷらんぐううぇえいと	スプラングウェイト	sprung weight
Súng phun	すぷれーがん	スプレーガン	spray gun
sung sức	ぜんりょく	全力	Full power
suy nghĩ cân nhắc kỹ	じゅくりょ	熟慮	Contemplation
sự ấm lên toàn cầu	ちきゅうおんだんか	地球温暖化	global warming
sự bành trướng	ぼうちょう	膨脹	expansion
Sự bắt chước	もほう	模倣	Imitation
sự bất đồng	ふいっち	不一致	Disagreement
sự bức xạ	ほうしゃ	放射	radiation
sự cách nhau	ぎゃっぷ	ギャップ	gap
sự chậm trễ	でいれい	ディレイ	delay
sự chân thành	せいい	誠意	sincerity
Sự chấp thuận	しょうにん	承認	Approval
sự chỉ rõ/ cách	しよう	仕様	specification
sự chiếu sáng	しょうめい	照明	illumination
Sự chuẩn bị	じゅんび	準備	Preparation
Sự chuẩn bị	ようい	用意	Preparation
Sự chuẩn bị	よしゅう	予習	Preparation
sự công nhận	にんしき	認識	recognition
Sự dự đoán	よち	予知	Prediction
sự đa dạng của	たしゅたよう	多種多様	a diversity of

sự đánh lửa đôi	でゅあるいぐにしょん	デュアルイグニション	Dual ignition
sự điều hướng	なびげーしょん	ナビゲーション	Navigation
Sự độc lập	どくりつ	独立	Independence
Sự đối lập	はんたい	反対	Opposition
sự đối xử	しょち	処置	treatment
sự đốt cháy	ねんしょう	燃焼	combustion
sự đốt cháy phân tầng	せいそうねんしょう	成層燃焼	stratified charge combustion
sự đúc lạnh	ちるいもの	チル鋳物	chill casting
sự gần kề	ちかじか	近々	soon
sự gia tốc	かそく	加速	acceleration
sự gia tốc	かそくど	加速度	acceleration
sự giảm/ sự kém đi	ていか	低下	Decline
sự giới thiệu	すいせん	推薦	Recommendation
Sự hài lòng của khách hàng	こきゃくまんぞくど	顧客満足度	Customer Satisfaction
Sự khác biệt tiềm năng/ hiệu số điện thế	でんいさ	電位差	Potential difference
Sự khác biệt/ sự khác nhau	そうい	相違	Difference
Sự làm ngắn lại	たんしゅく	短縮	Shortening
sứ mệnh	しめい	使命	mission
sự nắm vững/ sự cầm chặt	にぎり	握る	Hold / grip
sự nắm vững/ sự hiểu biết	はあく	把握	Grasp
sự nổ hai giai đoạn	にだんねんしょう	二段燃焼	Double stage explosion
sự phân chia	わりざん	割り算	division
Sự phán xét/ sự phán đoán	はんだん	判断	Judgment
sự phát triển	しんか	進化	evolution
Sự thành công/ sự tăng tiến	しゅっせ	出世	Success
sự thật	しんじつ	真実	truth
sự thật	しんり	真理	truth
Sự thất bại	しっぱい	失敗	Failure
sự thay thế	だいよう	代用	Substitute
Sự thích nghi	じゅんおう	順応	Adaptation
Sự thích nghi/ sự phỏng theo	ていおう	適応	Adaptation
Sự thiếu	ふそく	不足	Shortage
sự thử trên máy	べんちてすと	ベンチテスト	Bench test
sự ưu tiên	ゆうせん	優先	priority
sự va chạm/ sự sốc	しょうげき	衝撃	impact
Sự xem xét/ sự quan tâm	はいりょ	配慮	Consideration
Sử dụng	かつよう	活用	utilization
sử dụng	しよう	使用	use
Sử dụng	もちいる	用いる	Use
Sử dụng/ ứng dụng	ようと	用途	Use
sửa	しゅうふく	修復	repair

Sửa	しゅうり	修理	Repair
Sửa / Sửa chữa	しゅうりする	修理する	repair
Sửa chữa	ほしゅうする	補修する	to repair
sửa sang/ sơn sửa	たっちあっぷ	タッチアップ	touch up
Sức cản	ていこう	抵抗	resistance
sức chống rung	だんぴんぐていこう	ダンピング抵抗	damping resistance
sức chứa/ dung lượng	ようりょう	容量	capacity
Sức mạnh / Quyền lực	ちから	力	power
Sức mạnh của áp suất âm cướp đi mã lực của động cơ	ぽんぴんぐろす	ポンピングロス	pumping loss
Sưng lên	ふくらむ	膨らむ	Swell
sương giá	しも	霜	frost
tachograph	たこぐらふ	タコグラフ	tachograph
tách biệt ra/ tách rời ra	ぶんりする	分離する	to separate
Tách/ chia	すぷりっと	スプリット	split
Tài liệu	しりょう	資料	Document
Tài sản cá nhân	しぶつ	私物	Personal property
tài xế	うんてんしゅ	運転手	driver
Tài xế	どらいばー	ドライバー	driver
Tái chế	りさいくる	リサイクル	Recycle
Tái sản xuất các bộ phận	りびるとぶひん	リビルト部品	Re-built parts
Tái sử dụng	りゆーす	リユース	Reuse
Tái tạo động cơ	りびるとえんじん	リビルトエンジン	Re-built Engine
Tại chỗ	しょていのいち	所定の位置	In place
tại sao	どうして	どうして	why
tải trọng tải	せきさいかじゅう	積載荷重	loadable load
Tải về/ lắp đặt	とりつける	取り付ける	Install
Tam giác	さんかくっけい	三角形	triangle
Tam giác	とらいあんぐる	トライアングル	Triangle
Tạm thời	とりあえず	とりあえず	at once / for the present
Tạm thời	ひとまず	ひとまず	for a while / for the time being
Tan chảy	とかす	溶かす	Melt
Tản nhiệt lưới tản nhiệt	らじえーたぐりる	ラジエータグリル	Radiator grille
tappets điều chỉnh tự động	じどうちょうせいたぺっと	自動調整タペット	self-adjusting tappet
tar	たーる	タール	tar
tát/ cài tát	すらっぷ	スラップ	slap
Tay áo	すりーぶ	スリーブ	sleeve
tay cầm nghiêng / tay lái điều chỉnh độ nghiêng	ちるとはんどる	チルトハンドル	tilt handle
tay lái điều chỉnh độ nghiêng	ちるとすてありんぐ	チルトステアリング	tilt steering
tay lái điều khiển tầm lái	てれすこぴっくすてありんぐ	テレスコピックステアリング	Telescopic steering
tay lái rung van điều tiết	すてありんぐしぇいくだんぱ	ステアリングシェイクダンパ	steering shake damper

tay nắm cửa	どあのぶ	ドアノブ	door knob
tay quay tarô	たっぷはんどる	タップハンドル	tap handle
tay vịn	あーむれすと	アームレスト	arm rest
Tay vịn cửa	どらあーむれすと	ドアアームレスト	Door armrest
tăng	あげる	上げる	increase
tăng	ぞうか	増加	increase
Tăng	ぞうだい	増大	Increase
Tăng	たかまる	高まる	Increase
tăng	ふやす	増やす	increase
Tăng cường	ぞうきょう	増強	Augmentation
Tăng cường	りいんふぉーすめんと	リインフォースメント	Reinforcement
Tăng cường/ khỏe lên	つよまる	強まる	Strengthen
Tăng giảm	ぞうげん	増減	Increase or decrease
Tăng lên	じょうしょう	上昇	Rise
tăng trưởng	せいちょう	成長	growth
tắt (hệ thống lai)	しゃっとだうん	シャットダウン（ハイブリットシステム）	shut down (hybrid system)
Tâm lý	しんり	心理	Psychology
tấm âm	いんきょくばん	陰極版	negative plate
tấm bọc cửa (bên trong)	どあとりむぼーど	ドアトリムボード	Door trim board
tấm lọc không khí	えあくりーなー	エアクリーナー	air cleaner
Tấn	とん	トン	Tons
tầng ozone	おぞんそう	オゾン層	ozone layer
tập hợp	くみたてる	組み立てる	assemble
Tập quán	しゅうかん	習慣	Custom
Tập tin đính kèm / bộ móc nối	あたっちめんと	アタッチメント	attachment
Tập tin/ cái giũa	やすり	やすり	file
tập trung	しゅうちゅう	集中	Concentration
tập trung	しゅうちゅうてきな	集中的な	intensive
Tất cả	ぜんぶ	全部	All
Tất cả mọi người	ぜんいん	全員	Everyone
Tất nhiên	とうぜん	当然	Of course
Tất nhiên	むろん	無論	Of course
Teflon	てふろん	テフロン	Teflon
Tê	しびれる	しびれる	Numb
tê tái/ tê liệt	しびれ	痺れ	numbness
tế bào	せる	セル	cell
Tế bào khô/ pin khô	どらいせる	ドライセル	Dry cell
tế nhị	びみょう	微妙	subtle
Tệ hơn / xuống cấp	あっかした	悪化した	worse / deteriorated
Tha thiết	ひたすら	ひたすら	Earnestly
Thả góc	かどをおとす	かどを落とす	drop the corner

Thải bỏ	しまつ	始末	Disposal
thải bỏ	しょぶん	処分	disposal
thải hạt động cơ diesel	でぃーぜるはいきびりゅうし	ディーゼル排気微粒子	Diesel emitted particulate
thăm dò	そくていし	測定子	probe
thảm họa	さいがい	災害	disaster
than đá	せきたん	石炭	coal
thang đo thẳng	ちょくじゃく	直尺	straight scale
thanh chịu kéo/ thanh kéo	てんしょんろっど	テンションロッド	Tension rod
Thanh kết nối cho tay lái	たいろっど	タイロッド	tie rod
thanh tháp thanh chống	すとらっとたわーばー	ストラットタワーバー	strut tower bar
Thanh thu phí/ cái chắn đường để thu thuế	とーるばー	トールバー	Toll bar
Thanh xoắn	とーしょんばー	トーションバー	Torsion bar
thành công	せいこう	成功	success
Thành lập	せいりつ	成立	Establishment
thành phần	せいぶん	成分	component
thành phần/ nhân tố	ようそ	要素	element
thành quả	せいか	成果	Achievement
thành tích	じっせき	実績	Performance
Thành viên	めんばー	メンバー	Member
thành viên chéo	くろすめんばー	クロスメンバー	cross member
tháo lắp được	とりはずしできる	取り外しできる	removable
tháo rá/ xóa bỏ/ bỏ	はずす	外す	remove
Tháo rời / Để phân hủy	ぶんかいする	分解する	Disassemble
thay đổi	ちぇんじ	チェンジ	change
thay đổi	へんか	変化	change
Thay đổi đẳng nhiệt/ biến đổi đẳng nhiệt	とうおんへんか	等温変化	Isothermal change
thay đổi đoạn nhiệt	だんねつへんか	断熱変化	adiabatic change
thay đổi đòn bẩy	ちぇんじればー	チェンジレバー	change lever
Thay đổi isobaric	とうあつへんか	等圧変化	Isobaric change
Thay đổi ngón chân	とーへんか	トー変化	Toe change
Thay đổi vị trí/ đổi chỗ	ずらす	ずらす	Shift
Thay phiên	こうたいする	交代する	take turns
thay thế	とりかえる	取り替える	replace
thăng bằng	ばらんす	バランス	balance
Thắt chặt	しっかりしめる	しっかり締める	tighten tightly
Thắt chặt	しめる	締める	Tighten
Thẳng	まっすぐな	まっすぐな	Straight
Thậm chí nhiều hơn/ hơn nữa	なおさら	なおさら	Even more
Thân cây	とらんく	トランク	Trunk
Thân cây nắp/ nắp khoang	とらんくりっど	トランクリッド	Trunk lid
Thân côn	てーぱーしゃんく	テーパシャンク	Taper shank

Thần kinh	しんけい	神経	Nerve
Thật thà	そっちょく	率直	Candid
Thẻ đồng	こーしょんぷれーと	コーションプレート	caution plate
Theo	そう	沿う	Follow
theo chiều dọc/ thẳng góc	すいちょく	垂直	vertical
Theo đuổi	ついきゅう	追求	Pursuit
Theo thứ tự	じゅんじゅんに	順々に	In sequence
Theo tỷ lệ	ひれい	比例	Proportional
Thép	てっこう	鉄鋼	Steel
Thép carbon	たんそこう	炭素鋼	Carbon steel
thép chịu nhiệt / thép bền nhiệt	たいねつこう	耐熱鋼	heat resistant steel
thép crom molypden	くろむもりぶでんこう	クロモリ鋼	chromium molybdenum steel
Thép đặc biệt	とくしゅこう	特殊鋼	Special alloy steel
thép độ bền kéo cao	こうちょうりょくこうばん	高張力鋼板	high tensile strength steel
thép đúc	ちゅうこう	鋳鋼	cast steel
Thép hợp kim	ごうきんこう	合金鋼	alloy steel
Thép nhẹ	なんこう	軟鋼	Mild steel
thép Niken Crom	にくろむこう	ニクロム鋼	Nickel chromium steel
thép Niken Crom	にっけるくろむこう	ニッケルクロム鋼	Nickel chromium steel
thép Niken Crom, molypden	にっけるくろむもりぶでんすちーる	ニッケルクロムモリブデン鋼	Nickel chromium molybdenum steel
thép thấm nitơ	ちっかこう	窒化鋼	nitriding steel
thép vonfram	たんぐすてんこう	タングステン鋼	tungsten steel
thể loại	かてごいー	カテゴリー	category
Thể loại	じゃんる	ジャンル	Genre
thêm áp lực	あつりょくをくわえる	圧力を加える	apply pressure
thêm vào	ついか	追加	add to
thêm vào	つけくわえる	付け加える	add
Thêm/ thừa thãi	よけい	余計	Extra
thí dụ	ようれい	用例	example
Thí dụ/ mẫu mực	てほん	手本	Example
Thí nghiệm	じっけんする	実験する	Experiment
thí nghiệm trên bệ	だいじょうしけん	台上試験	bench test
Thích hợp	そうおう	相応	Appropriate
Thích hợp	てきせつ	適切	Appropriate
thích hợp	ふさわしい	相応しい	suitable
Thiếc	すず	錫	Tin
thiết bị	せつび	設備	Facility
Thiết bị	でぃばいす	ディバイス	Device
thiết bị báo động khoảng cách giữa các xe	しゃかんきょりけいほうそうち	車間距離警報装置	Vehicle distance alarm system
thiết bị cảm biến sóng siêu âm	ちょうおんぱせんさ	超音波センサ	ultrasonic sensor
thiết bị chỉ đạo	すてありんぐ	ステアリング	steering

Thiết bị chiếu sáng	とうかそうち	灯火装置	Lighting equipment
Thiết bị chuyển tiếp chính/ Hệ thống rơ le chính	めいんりれーしすてむ	メインリレーシステム	Main Relay System
Thiết bị cuộn dây đai	しーとべるとぷりてんしょなー	シートベルトプリテンショナー	seatbelt pretensioner
Thiết bị đánh lửa sớm	てんかしんかくそうち	点火進角装置	Ignition advance device
thiết bị đầu cuối	たーみなる	ターミナル	terminal
thiết bị đầu cuối	たんし	端子	terminal
thiết bị đầu cuối loại hai điểm	つーぽいんとがたたーみなる	ツーポイント型ターミナル	Two point type terminal
thiết bị điện tử	でばいす	デバイス	device
Thiết bị điện/ đơn vị điện	どうりょくそうち	動力装置	Power equipment
Thiết bị điều khiển thời gian đánh lửa	てんかじきせいぎょそうち	点火時期制御装置	Ignition timing control device
thiết bị hiển thị tốc độ	そくどひょうじそうち	速度表示装置	speed display
Thiết bị kiểm soát ổn định xe	しゃりょうあんていせいぎょそうち	車両安定制御装置	Vehicle Safety Control System
thiết bị kiểm tra mạch số	でじたるさーきっとてすた	デジタルサーキットテスタ	Digital circuit tester
thiết bị lắp ráp lốp	たいやちぇんじゃー	タイヤチェンジャー	tire changer
Thiết bị lọc	すとれーなー	ストレーナー	strainer
thiết bị phanh	せいどうそうち	制動装置	brake system
thiết bị phanh servo	せいどうばいりょくそうち	制動倍力装置	brake-servo system
Thiết bị truyền công suất động cơ	どうりょくでんたつそうち	動力伝達装置	Power transmission device
Thiết bị truyền động	あくちゅえーた	アクチュエータ	actuator
Thiết bị truyền động tuyến tính	りにあくどうあくちゅえーた	リニア駆動アクチュエータ	linear drive actuator
thiết kế	せっけい	設計	design
thiết lập/ đặt	せっていする	設定する	set
Thiết yếu	ひつようふかけつ	必要不可欠	Essential
Thiệt hại	そんしょう	損傷	damage
Thiếu sót	けってんのある	欠点のある	flawed
thô	あらい	粗い	rough
thô ráp	ざらざらした	ざらざらした	rough
thợ cơ khí	せいびし	整備士	mechanic
thỏa hiệp	だきょう	妥協	compromise
Thỏa thuận lớn	たいした	大した	Big deal
Thoát nước	はいすい	排水	Drainage
Thổi	ふく	吹く	to blow
Thổi ra/ trồi bay đi	ふきとぶ	吹き飛ぶ	blow off
thống đốc ly tâm	えんしんがばな	エンシンガバナー	centrifugal governor
thông dụng/ sự được áp dụng	つうよう	通用	General purpose
thông qua bu lông	するーぼると	スルーボルト	through bolt
Thông suốt/ thuận lợi	じゅんちょう	順調	Smoothly
Thông thường	じゅうらい	従来	Conventional
thông thường	たいてい	大抵	usually
thông thường/ đại khái	ひととおり	一通り	One way
thông tin	じょうほう	情報	information

Thợ sửa xe diesel hạng 2	にきゅうでぃーぜるじどうしゃせいびし	2級ディーゼル自動車整備士	2nd class diesel car mechanic
Thợ thủ công	しょくにん	職人	Craftsman
Thời điểm	じてん	時点	Time point
Thời điểm đánh lửa	てんかじき	点火時期	Ignition timing
thời gian đốt trực tiếp	ちょくせつねんしょうきかん	直接燃焼期間	direct burning period
Thời gian phun nhiên liệu	ふんしゃじき	噴射時期	Injection timing
thời gian trễ đánh lửa	ちゃっかおくれきかん	着火遅れ期間	ignition delay period
Thời gian trễ khi turbo hoạt động	たーぼらぐ	ターボラグ	turbo lag
thời kỳ đốt áp suất không đổi	ていあつねんしょうきかん	定圧燃焼期間	constant pressure combustion period
thu được	しゅとく	取得	Acquisition
thu nhập = earnings	しょとく	所得	income
Thủ công	しゅどう	手動	Manual
thủ tục	てじゅん	手順	procedure
thủ tục	てつづき	手続き	procedure
thuận lợi/ hữu lợi	ゆうり	有利	advantageous
Thuận tiện / Tiện lợi	べんりな	便利な	convenient
Thuận tiện để mang theo	けいたいにべんりな	携帯に便利な	convenient to carry
thuần tự siết	しめつけじゅんじょ	締付け順序	tightening order
thuật toán	あるごりずむ	アルゴリズム	argolism
Thuê/ làm/ tiến hành	じゅうじする	従事する	Engage
Thuế	ぜい	タックス	tax
Thuộc về	しょぞく	所属	Belongs
Thuộc về/ thuộc vào loại	ぞくする	属する	Belong to
Thủy lực / Áp lực nước	すいあつの	水圧の	hydraulic
Thủy ngân	すいぎん	水銀	mercury
Thư giãn/ tháo ra	ほどく	ほどく	Unwind
Thư từ	たいおう	対応	Correspondence
thứ hai	せかんど	セカンド	second
Thứ hạng cao	じょうい	上位	High rank
thử	ためす	試す	try
thử nghiệm năng động	だいなみっくてすと	ダイナミックテスト	dynamic test
thừa	かじょう	過剰	excess
Thực dụng	じつよう	実用	Practical
thực hành	じっしゅう	実習	practice
Thực hành	じっせんする	実践する	Practice
thực hiện/ thực thi	じっしする	実施する	carry out
thực lực	じつりょく	実力	Ability
thực ra	じっさいに	実際に	actually
Thực ra	じつは	実は	Actually
Thực tế	じったい	実態	Reality
thước đo người gửi	せんだーげーじ	センダーゲージ	sender gauge

thước đo quay số / quay số đo	だいやるげーじ	ダイヤルゲージ	dial gauge
Thước micrômét.	まいくろめーた	マイクロメータ	Micrometer
thước thẳng	ちょくじょうぎ	直定規	straight ruler
Thương mại	しょうよう	商用	Commercial
thường xuyên	しばしば	しばしば	often
Thường xuyên	しょっちゅう	しょっちゅう	Often
Thường xuyên	たびたび	たびたび	Often
thường xuyên	ちょくちょく	ちょくちょく	often
thường xuyên/ hay xảy ra	ひんぱん	頻繁	frequent
tỉ lệ	ひりつ	比率	ratio
Tỉ lệ làm nhiệm vụ/ chu trình hoạt động	でゅーてぃーひ	デューティー比	Duty ratio
Tỉ lệ nhiên liệu không khí	くうねつひ	空燃比	Air-fuel ratio
tỉ trọng/ tính dày đặc	みつど	密度	density
tích cực	せきょくてき	積極的	positive
Tích lũy	ちくせき	蓄積	Accumulation
tích trữ	たくわえる	蓄える	store
tie rod trung tâm	せんたたいろっど	センタータイロッド	center tie rod
tiềm năng/ điện thế	でんい	電位	potential
Tiềm năng/ viễn cảnh	めど	めど	Prospect
tiền boa	せんたん	先端	tip
tiền boa / đầu bịt	ちっぷ	チップ	tip
tiền bối	せんぱい	先輩	Senior
tiền đạo khóa cửa	どあすとらいか	ドアストライカ	Door striker
Tiền đề	ぜんてい	前提	Premise
tiền gửi	でぽじっと	デポジット	deposit
tiến bộ	はかどる	はかどる	Go up
tiến hành	しんこうする	進行する	proceed
Tiến hành	すすめる	進める	Proceed
tiến lên	すすむ	進む	move on
tiến tới	ぜんしん	前進	Forward
Tiện	つごう	都合	Convenience
Tiện ích mở rộng / Sự mở rộng	えんちょう	延長	extension
tiếng ồn	そうおん	騒音	noise
tiếng ồn	のいず	ノイズ	noise
tiếng ồn bị bóp nghẹt	こもりおん	こもり音	muffled noise
Tiếng ồn chạy ổn định	ていじょうそうこうそうおん	定常走行騒音	Cruising noise
Tiếng ồn tần số thấp/ âm thanh tần số thấp	ていしゅうはおん	低周波音	Low frequency sound
tiếng sét / ốc vít	ぼると	ボルト	bolt
Tiếp cận	せっきん	接近	Approaching
tiếp điểm	せってん	接点	contact
Tiếp diễn/ liên tiếp	れんぞく	連続	Continuous

tiếp tuyến	たんじぇんと	タンジェント	tangent
tiếp xúc	せっしょく	接触	contact
Tiếp xúc kháng chiến	せっしょくていこう	接触抵抗	contact resistance
Tiết kiệm	せつやく	節約	Saving
Tiêu chuẩn	ひょうじゅん	標準	standard
Tiêu chuẩn	ひょうじゅんきかく	標準規格	Standard
Tiêu chuẩn	めやす	目安	Standard
Tiêu chuẩn chứng nhận	にんしょうきじゅん	認証基準	Certification standard
Tiêu chuẩn công nghiệp Nhật bản	にほんこうぎょうきかく	日本工業規格	Japanese Industrial Standards
Tiêu cực/ phủ định/ âm	ねがてぃぶ	ネガティブ	Negative
tiêu điểm	しょうてん	焦点	focus
Tiêu điểm	ちゃくもく	着目	Focus
tiêu dùng	しょうひ	消費	consumption
Tiêu tan/ làm vương vãi	ちらかす	散らかす	Scatter
Tiêu tan/ phân tán	ばらまく	ばらまく	Scatter
Tiểu bang / Trạng thái	じょうたい	状態	state
tìm kiếm	さがす	探す	look for
tin chắc	なっとく	納得	Convincing
Tín hiệu đánh lửa chính	てんかいちじしんごう	点火一次信号	Ignition primary signal
Tín hiệu kĩ thuật số/ tín hiệu dạng số tự	でじたるしんごう	デジタル信号	Digital signal
tín hiệu rẽ	たーんしぐなる	ターンシグナル	turn signal
Tín hiệu thời điểm đánh lửa	てんかじきしんごう	点火時期信号	Ignition timing signal
Tín hiệu truyền thông	つうしんしんごう	通信信号	correspondence signal
tín hiệu/ đèn hiệu/ báo hiệu	しんごう	信号	signal
Tín hiệu/ hiệu lệnh	あいず	合図	sign
Tình cờ	たまたま	たまたま	By chance
Tình cờ gặp/ vấp	つまずく	つまずく	Stumble
Tình cờ/ nhân tiện	ついでに	ついでに	Incidentally
Tình hình/ tình huống	じょうきょう	状況	Situation
Tình trạng	ちょうし	調子	Condition
tính cẩu thả	ゆだん	油断	Be alert
tính chất dính/ Sự bền bỉ	ねばり	粘り	Tenacity
tính chịu mài mòn	たいまもうせい	耐摩耗性	abrasion resistance
tính chịu nhiệt / độ bền nhiệt	たいねつせい	耐熱性	heat resistance
tính sạch sẽ	せいじょう	清浄	Cleanliness
tĩnh	せいてき	静的	static
Tĩnh điện	せいでんき	静電気	static electricity
tĩnh mạch	じょうみゃく	静脈	vein
Tổ chức tiêu chuẩn quốc tế	こくさいひょうじゅんかきこう	国際標準化機構	International Standardization Organization
To lớn	ぼうだい	膨大	Enormous
Toa xe giao hàng	でりばりわごん	デリバリワゴン	Delivery wagon

Toàn bộ	ぜんたい	全体	The entire
Toàn diện	そうごう	総合	Comprehensive
Tô màu	ちゃくしょく	着色	Coloring
tốc độ	すぴーど	スピード	speed
tốc độ	そくど	速度	speed
tốc độ đỉn	せんたんそくど	先端速度	tip speed
Tốc độ thoát điện	でぃすちゃーじれーと	ディスチャージレート	Discharge rate
tốc độ thứ hai	せかんどすぴーど	セカンドスピード	second speed
tốc độ trung bình	ちゅうそく	中速	medium speed
Tôi không có năng lượng để di chuyển	どうりょくそんしつ	動力損失	Power loss
tôi rất thích	ぜひ	是非	I'd love to
tóm lại/ tức là	つまり	つまり	That is
tổng thể tích	そうようせき	総容積	total volume
Tổng trọng lượng của xe	しゃりょうそうじゅうりょう	車輌総重量	vehicle total weight
tốt hay xấu	よしあし	善し悪し	good or bad
Tốt nhất/ tối đa	せいぜい	精々	At best
Tờ khai	しんこくしょ	申告書	Declaration form
trách nhiệm	せきにん	責任	responsibility
Trang bị	そなえつける	備え付ける	Equip
Trang thiết bị	そうび	装備	Equipment
Trang thiết bị	びひん	備品	Equipment
tránh / Để tránh	さける	避ける	avoid
trans trục cho lai	はいぶりっどようとらんすあくする	ハイブリット用トランスアクスル	hybrid trans axle
tranzito công suất	ぱわーとらんじすたー	パワートランジスター	Power transistor
trao đổi/ đổi	こうかんする	交換する	exchange
Trắng	どろ	泥	mud
trầm tích	せじめんと	セジメント	sediment
trầm tích	ちんでんぶつ	沈殿物	sediment
Trận đấu/ thống nhất/ nhất trí	がっち	合致	match
Tread mẫu/ loại mặt gai lốp	とれっどぱたーん	トレッドパターン	Tread pattern
Trên fender	おーばーふぇんだー	オーバーフェンダー	over fender
Trí tưởng tượng	そうぞう	想像	Imagination
triển lãm mô tô	もーたーしょー	モーターショー	motor Show
Trình điều khiển vòi phun	いんじぇくたどらいば	インジェクタドライバ	injector driver
trình độ	ていど	程度	degree
Trình tự đánh lửa	てんかじゅんじょ	点火順序	Ignition sequence
tròn	まるい	丸い	round
Tròn	まるくする	丸くする	to round
trong chớp mắt	たちまち	たちまち	in an instant
trong khoảng	やく	約	about
Trọng lực	じゅうりょく	重力	gravity

Trọng lượng của xe	しゃりょうじゅうりょう	車輌重量	vehicle weight
Trọng lượng để giữ thăng bằng	つりあいおもり	釣合い重り	Counterweight
Trọng lượng khô	かんそうじゅうりょう	乾燥重量	dry weightdry
trọng lượng riêng	ひじゅう	比重	specific gravity
trong một thời gian	しばらく	しばらく	for a while
Trong suốt	すきとおる	透き通る	Transparent
trong tiền vốn/ trước	あらかじめ	あらかじめ	in advance
trong trường hợp đó	それなら	それなら	in that case
trốn/ mất tập trung	そらす	逸らす	Distract
Trộn trong	とけこむ	溶け込む	Blend in
trở nên cứng / trở nên bị cứng	かたくなる	硬くなる	to become hard
trở thành sự thật	かなう	叶う	come true
Trời lạnh / Lạnh	さむい	寒い	cold
Trơn tru	すむーず	スムーズ	Smooth
Trơn tru	なめらか	滑らか	Smooth
Trơn tru	なめらかな	滑らかな	Smooth
Trụ cột	ぴらー	ピラー	Pillar
trục	しゃふと	シャフト	shaft
Trục	すぴんどる	スピンドル	spindle
Trục	あくするしゃふと	アクスルシャフト	axleshaft
Trục bán nổi/ trục nửa thoát tải	はんふどうしきしゃじく	半浮動式車軸	Semi-floating axle
trục bộ cánh quạt	ぷろぺらしゃふと	プロペラシャフト	Propeller shaft
Trục cam	かむしゃふと	カムシャフト	camshaft
trục cánh quạt chống rung	しんどうぼうしぷろぺらしゃふと	振動防止式プロペラシャフト	anti-vibration type propeller shaft
trục chân vịt 3 khớp	すりーじょいんとぷろぺらしゃふと	3ジョイントプロペラシャフト	three joint propeller shaft
trục chính bánh xe trước	せんりんじく	前輪軸	front wheel nackle spindle
trục chính Knuckle	なっくるすぴんどる	ナックルスピンドル	Knuckle spindle
trục dẫn động	どらいぶしゃふと	ドライブシャフト	Drive shaft
trục đầu ra	あうとぷっとしゃふと	アウトプットシャフト	output shaft
Trục gá	しんぼう	心棒	shaft
Trục lái	そうこうじく	操向軸	steering axle
trục quang	こうじく	光軸	optic axis
trục rỗng	ちゅうくうじく	中空軸	hollow shaft
trục trung tâm	ちゅうしんじく	中心軸	central axis
trục tuabin	たーびんしゃふと	タービンシャフト	turbine shaft
trục xe bán nổi	せみふろーてぃんぐあくする	セミフローティングアクスル	semi floating axle
Trung bình	へいきんな	平均な	average
Trung bình cộng	へいきん	平均	average
Trung cấp / ở giữa	ちゅうかんの	中間の	intermediate
Trung hòa	ちゅうわ	中和	Neutralization
Trung học-side giải nén buồng	せかんだりちゃんば	セカンダリチャンバ	secondary chamber

trung khu	ちゅうすう	中枢	Central
trung tâm	せんたー	センター	center
trung tâm	ちゅうしん	中心	center
Trung tâm chết	でっどせんたー	デッドセンター	Dead center
Trung tâm chết hàng đầu	とっぷでっどせんたー	トップデッドセンター	Top dead center
trung tâm đo	せんたげーじ	センターゲージ	center gauge
trung tâm mang	せんたべありんぐ	センタベアリング	center bearing
Trung thực	しょうじき	正直	Honesty
Trung tính	ちゅうせい	中性	neutral
Trung tính	ちゅうりつ	中立	neutral
Trung tính/ trung lập	にゅーとらる	ニュートラル	neutral
Truy xuất nguồn gốc/ khả năng tạo vết	とれーさびりてぃ	トレーサビリティ	Traceability
truyền đạt/ chuyển giao	でんたつ	伝達	Transmission
Truyền động cơ	とらんすみっしょん	トランスミッション	Transmission
truyền động trực tiếp	ちょっけつでんどう	直結伝動	direct drive transmission
truyền động xích	ちぇーんどらいぶ	チェーンドライブ	chain drive
truyền thông đa kênh	たじゅうつうしん	多重通信	multiplex communication
Trực tiếp	ちょくせつ	直接	Directly
Trưng bày/ màn hình	でぃすぷれい	ディスプレイ	Display
Trước	まえもって	前もって	In advance
Trước và sau	ぜんご	前後	Front and back
Trường Cao đẳng nghề/ trường chuyên	せんもんがっこう	専門学校	Vocational college
trượt	すべり	すべり	slip
Trượt	ずれる	ずれる	Slip
Trượt / Để trượt	すべる	滑る	slip / slide
Trượt xuống	すべりおちる	滑り落ちる	slide down
Tụ điện	きゃぱした	キャパシタ	capacitor
tụ điện hóa	でんかいこんでんさ	電解コンデンサ	Electrolytic capacitor
tuabin	たーびん	タービン	turbine
tuabin runner	たーびんらんな	タービンランナ	turbine runner
Túi khí	えあーばっぐ	エアーバッグ	airbag
Túi khí điện	でんきしきえあばっぐ	電気式エアバッグ	Electric air bag
Tủ quần áo/ máy mài sắc/ dụng cụ sửa	どれっさ	ドレッサ	Dresser
tuốc nơ vít Phillips	ぷらすどらいばー	プラスドライバー	phillips screw driver
tuổi thọ	じゅみょう	寿命	lifespan
tuổi thọ máy móc	たいようじゅみょう	耐用寿命	service life
tuôn ra/ sự trào ra	ふらっくす	フラックス	flux
turbo kép	ついんたーぼ	ツインターボ	twin turbo
turbo ổ đĩa	たーぼどらいぶ	ターボドライブ	turbo drive
Turbo tăng áp gốm	せらみっくたーぼちゃーじゃー	セラミックターボチャージャー	ceramic turbocharger

Tuy nhiên	しかしながら	しかしながら	however
Tuy nhiên	ところが	ところが	However
tuyên bố/ nói rõ	のべる	述べる	State
Tuyệt vời	ゆうしゅうな	優秀な	excellent
Tuyệt vời/ gây sửng sốt	ものすごい	物凄い	Awesome
Tuyệt vọng	せつじつ	切実	Desperation
tự cảm ứng	じこゆうどう	自己誘導	self induction
tự cảm ứng	せるふいんだくしょん	セルフインダクション	self-induction
Tự đánh lửa	じこちゃっか	自己着火	spontaneous ignition
tự đánh lửa	せるふいぐにしょん	セルフイグニション	self-ignition
Tự động	じどう	自動	Automatic
Tự khởi động	せるふすたーたー	セルフスターター	self starter
Tự khởi động	せるもーた	セルモータ	self motor
Từ lúc bắt đầu đến khi kết thúc	しゅうし	終始	From beginning to end
Tự phóng điện	じこほうでん	自己放電	self discharge
Tự ý	かってに	勝手に	arbitrarily
Từng cái một	つぎつぎ	次々	One by one
từng chút một	すこしずつ	少しずつ	little by little
Tương đối	ひかくてき	比較的	Relatively
Tương đương	どうとう	同等	Equivalent
Tương hỗ/ đối ứng	そうご	相互	Mutual
Tương phản/ sự so sánh	たいひ	対比	Contrast
Tương tự/ đồng nhất	どういつ	同一	Same
Tỷ lệ A / R	えーあーるひ	A/R比	A/R ratio
tỷ lệ áp suất	あつりょくひ	圧力比	pressure ratio
Tỷ lệ bánh răng	ぎやひ	ギヤ比	gear ratio
Tỷ lệ chuyển nhượng/ tỷ số truyền	とらんすふぁれしょ	トランスファレシオ	Transfer ratio
tỷ lệ lốp trượt	たいやのすりっぷりつ	タイヤのスリップ率	tire slip ratio
tỷ lệ tăng tốc	ぞうそくひ	増速比	overdrive ratio
tỷ lệ tốc độ	そくどひ	速度比	speed ratio
Tỷ lệ xả pin	ばってりーほうでんりつ	バッテリー放電率	Discharge rate
Universal joint/ khớp nối các đăng	ゆにばーさるじょいんと	ユニバーサルジョイント	Universal joint
Ước lượng/ suy đoán	すいてい	推定	Estimation
Ướt sũng/ sâu sắc	しみじみ	しみじみ	Soaked
va chạm	しょうとつ	衝突	collision
Và	そして	そして	And
Và	ならびに	並びに	And
và được nêu ra	それなのに	それなのに	Yet
vai trò	やくわり	役割	role
Valvetronic/ van điện tử	ばるぶとろにっく	バルブトロニック	Valvetronic
Van an toàn	あんぜんべん	安全弁	safety valve

van an toàn	せーふてぃばるぶ	セーフティバルブ	safety valve
Van cứu trợ/ van xả	にがしべん	逃がし弁	Relief valve
Van điện từ di chuyển ở mỗi chu kỳ tùy thuộc vào tốc độ bật / tắt tín hiệu	でゅーてぃーそれのうどばるぶ	デューティーソレノイドバルブ	Duty solenoid valve
Van điều khiển áp suất dầu phanh cho phanh hai hệ thống	でゅあるぷろぽーしょにんぐばるぶ	デュアルプロポーショニングバルブ	Dual positioning valve
Van điều khiển nhàn rỗi	あいどるせいぎょべん	アイドル制御弁	Auxiliary Air Control Valve
Van điều tiết	だんぱー	ダンパー	damper
van điều tiết động	だいなみっくだんぱ	ダイナミックダンパ	dynamic damper
van gió	ちょーくばるぶ	チョークバルブ	choke valve
van hãm kép	でゅあるがたぶれーきばるぶ	デュアル型ブレーキバルブ	Dual brake valve
Van hút khí	きゅうきばるぶ	吸気バルブ	intake valve
Van kép	でゅあるばるぶ	デュアルバルブ	Dual valve
Van làm mát bằng natri	なとりうむれいきゃくべん	ナトリウム冷却弁	Sodium cooling valve
van làm trễ	でぃれいばるぶ	ディレイバルブ	Delay valve
Van lơn/ lằng nhằng	しつこい	しつこい	Insistent
van ống	すぷーるばるぶ	スプールバルブ	spool valve
van phân phối/ van cung cấp	でりばりばるぶ	デリバリバルブ	Delivery valve
van Solenoid	それのいどばるぶ	ソレノイドバルブ	solenoid valve
van tay áo	すりーぶばるぶ	スリーブバルブ	sleeve valve
Van tiết lưu	すろっとるばるぶ	スロットルバルブ	throttle valve
Van xả	でぃすちゃーじばるぶ	ディスチャージバルブ	Discharge valve
Van xả	はいきばるぶ	排気バルブ	Exhaust valve
Van xả/ van ra	はいしゅつべん	排出弁	Discharge valve
Vanadi	ばなじうむ	バナジウム	Vanadium
ván đỡ chân	とーぼーど	トーボード	Toe board
vành	つば	鍔	brim
Vành	りむ	リム	rim
Vành đai thời gian	たいみんぐべると	タイミングベルト	timing belt
Variable valve thời gian hệ thống	かへんばるぶきこう	可変バルブ機構	variable valve mechanism
văng lên	すぷらっしゅ	スプラッシュ	splash
vắt kiệt	しぼる	絞る	squeeze
Vận tốc không đổi	とうそく	等速	Constant velocity
Vẫn	それでも	それでも	Still
Vẫn/ chịu đựng	じっと	じっと	Still
Vật chất	じっしつ	実質	Substance
Vật chất	そざい	素材	Material
Vật chất dạng hạt lơ lửng	ふゆうりゅうじじょうぶっしつ	浮遊粒子状物質	Suspended Particulate Matter
vật dẫn điện	どうたい	導体	conductor
Vật liệu chống điện	ぜつえんていこう	絶縁抵抗	Insulation resistance
Vật liệu đóng gói/ sự trang trí xe	とりむ	トリム	Trim
vật liệu giảm rung	しんどうよくせいざいりょう	振動抑制材料	vibration suppression material

Vietnamese	Japanese (kana)	Japanese	English
Vật liệu hấp thụ âm thanh	きゅうおんざい	吸音材	sound absorbing material
Vây đuôi	てーるふぃん	テールフィン	Tail fin
véo/ kẹp/ nắm	つまむ	つまむ	Pinch
Vết dầu	あぶらよごれ	油汚れ	oil stain
Vết lõm	でんと	デント	Dent
vết nứt	ひび	ひび	crack
Vi sai bánh	でふれんしゃる	デファレンシャル	Dfiffrencial
vì lý do đó	そのため	そのため	for that reason
vì lý do này / vì thếvì thế	だから	だから	So / for this reason
vì thế	したがって	従って	therefore
vì thế	そこで	そこで	Therefore
vì thế	それゆえ	それ故	Therefore
vì thế	ゆえに	故に	Therefore
vì thế	よって	よって	Therefore
Vì thế/ và	それで	それで	So
Vi vậy, để nói/ cò thē noi như l à	いわば	言わば	So to speak
ví dụ	たとえ	たとえ	for example
Ví dụ	たとえば	例えば	For example
vị trí	いち	位置	position
Vị trí	はいち	配置	Placement
Vị trí của một bó dây thép để cố định lốp vào bánh xe	たいやびーど	タイヤビード	tire bead
Vị trí trung lập/ vị trí số không	にゅーとらる	ニュートラルポジション	Neutral position
Việc làm	しゅうぎょう	就業	Employment
Việc làm	しゅうしょく	就職	Employment
việc xử lý sự cố	とらぶるしゅーてぃんぐ	トラブルシューティング	Trouble shooting
vít	おねじ	おねじ	male thread
Vít điều chỉnh van tiết lưu	すろっとるあじゃすとすくりゅー	スロットルアジャストスクリュー	throttle adjusting screw
vít ISO	いそねじ	ISOねじ	ISO screw
vít tán/ bu lông tán	うえこみぼると	植え込みボルト	stud bolt
vít tăng đơ	たーんばっくる	ターンバックル	turnbuckle
Vít tự khai thác/đinh ốc tự khóa	たっぴんぐびす	タッピングビス	self tapping screw
vỏ bao bi sai	でぃふぁれんしゃるはうじんぐ	ディファレンシャルハウジング	Differential housing
vỏ che quạt	ふぁんしゅらうど	ファンシュラウド	Fan shroud
vỏ tuabin	たーびんはうじんぐ	タービンハウジング	turbine housing
vòi / Công cụ để luồng	たっぷ	タップ	tap
vòi nước	じゃぐち	蛇口	faucet
Vòi phun	いんじぇくたー	インジェクター	injector
vòi phun ga/ vòi phun tiết lưu	すろっとるのずる	スロットルノズル	throttle nozzle
vòi phun nhiều lỗ	たこうのずる	多孔ノズル	multi-hole nozzle
vòn chữ O	おーりんぐ	Oリング	O-ring
vonfram	たんぐすてん	タングステン	turngsten

Vòng bánh/ vòng răng bánh đà	りんぐぎや	リングギヤ	ring gear
Vòng bi	じくうけ	軸受	bearing
vòng bi	たまじくうけ	玉軸受	ball bearing
Vòng bi / Ổ đỡ trục	べありんぐ	ベアリング	bearing
vòng bi trượt	すべりじくうけ	すべり軸受	suibel bearing
Vòng piston loại côn	てーぱーふぇーすがたぴすとんりんぐ	テーパフェース型ピストンリング	Taper face type piston ring
Vòng piston trên đỉnh piston	とっぷりんぐ	トップリング	Top ring
vòng quay	てんぷく	ターンオーバ	Turnover
vòng trượt	すりっぷりんぐ	スリップリング	slip ring
Vòng tuần hoàn	じゅんかん	循環	Circulation
vòng xoay	かいてん	回転	rotation
Vòng xoay/ sự tự xoay vòng	じてん	自転	rotation
vô cực	むげんだい	無限大	Infinity
Vô hạn/ không bờ bến	むげん	無限	infinite
vô ích/ vô dụng	むよう	無用	useless
vô kỷ luật/ một cách thiếu suy nghĩ	むやみに	無闇に	indiscreetly
vô lăng	すてありんぐほいーる	ステアリングホイール	steering wheel
vô lý	むちゃ	無茶な	Unreasonable
vô lý´	めちゃくちゃ	滅茶苦茶	absurd
Vô nghĩa	むいみ	無意味	Meaningless
Vô số	むすう	無数	Countless
Vô tình	やけに	やけに	Unknowingly
Vỗ tay / Tát	たたく	たたく	clap / Slap
Vội vàng	せかす	急かす	Rush
Vôn	でんあつ	電圧	Voltage
vỡ	はれつ	破裂	rupture
vỡ mạnh/ đánh mạnh	きょうだ	強打	bang
Với	それと	それと	With that
Vừa đủ)	じゅうぶんに	十分(充分)に	Enough
Vừa vặn ở đó	はまる	はまる	Fit there
Vượt qua	すぎる	過ぎる	Pass
vứt đi	すてる	捨てる	throw away
xã hội tái chế	じゅんかんがたしゃかい	循環型社会	recycling society
xác định / xác nhận	たしかめる	確かめる	confirm
xác minh/ so sánh	しょうかい	照合	Collation
Xác thực/ sự chứng nhận	にんしょう	認証	Certification
Xảy ra/ nảy sinh	しょうじる	生じる	Occur
xăng	がそりん	ガソリン	gasoline
Xâm phạm	はんする	反する	Violate
xấu đi/ hư hỏng	れっかした	劣化した	deteriorated
xây dựng	たてつけ	建付け	construction

Xe	いんふれーたー	インフレーター	inflator
Xe an toàn	せふてぃーびーくる	セフティービークル	safety vehicle
xe ba bánh	すりーほいーら	スリーホイラー	three wheeler
xe ba bánh	とらいさいくる	トライサイクル	Tri-cycle
xe bồn	たんくろーり	タンクローリ	tank lorry
xe đặc chế	かすたむかー	カスタムカー	custom car
xe để giao hàng	でりばりかー	デリバリカー	Delivery car
Xe điện	でんきじどうしゃ	電気自動車	Electric Vehicle
xe hết hạn sử dụng	はいしゃ	廃車	End-of-Life Vehicle
Xe hơi methanol	めたのーるしゃ	メタノール車	Methanol Vehicle
xe khí nén tự nhiên	あっしゅくてんねんがすじどうしゃ	圧縮天然ガス自動車	Compressed Natural Gas
Xe lai/ xe lai ghép	はいぶりっどじどうしゃ	ハイブリッド自動車	Hybrid Vehicle
Xe máy/ xe mô tô	にりんしゃ	二輪車	Motorcycle
Xe mới	しんしゃ	新車	new car
xe năng lượng mặt trời	そーらーかー	ソーラーカー	solar car
xe nhiên liệu kép	でゅあるふゅーえるしゃ	デュアルフューエル車	dual fuel vehicle
xe nhiên liệu/ xr bi-fuel	ばいふゅーえるしゃ	バイフューエル車	bi-fuel vehicle
xe ô nhiễm siêu siêu thấp	ごくちょうていこうがいしゃ	極超低公害車	Super Ultra Low Emission Vehicle
xe ô nhiễm siêu thấp	ちょうていこうがいしゃ	超低公害車	Utra Low Emissin Vehicle
xe ô nhiễm thấp	ていこうがいしゃ	低公害車	Low Emission Vehicle
Xe ô tô cũ	ちゅうこしゃ	中古車	secondhand car
xe ô tô đã sử dụng	しようずみじどうしゃ	使用済み自動車	End of Life Vehicle
xe ô tô Hydro	すそじどうしゃ	水素自動車	Hydrogen Vehicle
xe pin nhiên liệu	ねんりょうでんちじどうしゃ	燃料電池自動車	Fuel Cell Vehicle
xe pin nhiên liệu	ふゅーえるせるびーくる	フューエルセルビークル	Fuel Cell Vehicle
xe sử dụng khí tự thiên nhiên hóa lỏng	えきかてんねんがすじどうしゃ	液化天然ガス自動車	Liquefied Natural Gas Vehicle
xe tải	とらっく	トラック	truck
Xe tải giao hàng	でりばりばん	デリバリバン	Delivery van
xe tải tự đổ / xe lật	だんぷかー	ダンプカー	dump truck
Xe thể thao	すぽーつかー	スポーツカー	sport car
Xé nhỏ	ちぎる	ちぎる	Tear off
Xé nhỏ/ bóc	はがす	はがす	Tear off
xếp/ đặt / Bộ	すえる	据える	place / set
xi lanh	しりんだ	シリンダ	cylinder
xi lanh an toàn	せーふてぃしりんだ	セーフティシリンダ	safety cylinder
xi lanh chính	ますたーしりんだー	マスターシリンダー	master cylinder
xi lanh chủ kép	たんでむますたしりんだ	デュアルマスタシリンダ	dual master cylinder
xi lanh chủ tandem	たんでむますたしりんだ	タンデムマスタシリンダ	tandem master cylinder
xi lanh khoan	しりんだぼあ	シリンダーボア	cylinder bore
xi lanh phanh chính	ぶれーきますたーしりんだ	ブレーキマスターシリンダー	Brake master cylinder
Xi mạ	めっき	メッキ	Plating

xích chuỗi / bánh xích	ちぇーんすぷろけっと	チェーンスプロケット	chain sprocket
xích con lăn kép	だぶるろーらーちぇーん	ダブルローラチェーン	double roller chain
xiên	すらんと	スラント	slant
xin vui lòng/ dù sao	なにぶん	何分	some / anyway
Xóa	しょうきょ	消去	Erase
xóa tạm thời	いちじまっしょう	一時抹消	temporary deletion
xóa vĩnh viễn	えいきゅうまっしょう	永久抹消	eternal deletion
Xoay	じゅんばん	順番	Turn
xoáy	すわーる	スワール	swirl
Xoắn	ねじれた	ねじれた	twisted
Xoắn	ひねる	ひねる	Twist
xu hướng	かたよる	偏る	bias
Xuyên tạc	ひずむ	歪む	Distort
Xuyên tạc	ゆがむ	歪む	Distort
Xử lý	つか	柄	Handle
Xử lý	とって	取っ手	Handle
xử lý bề mặt	ひょうめんしょり	表面処理	surface treatment
xử lý thấm nitơ	ちっかしょり	窒化処理	nitriding treatment
xử lý/ bánh lái	はんどる	ハンドル	handle
ý thức chung	じょうしき	常識	common sense
Yếu	じゃく	弱	weak
Yếu đuối/ điểm yếu	じゃくてん	弱点	Weakness
yếu tố an toàn	あんぜんりつ	安全率	safety factor